우주
비즈니스
레볼루션

송경민
지음

위성통신과 위성관측,
위성항법 산업에서 찾는
미래 우주 시장의 기회

우주
비즈니스
레볼루션

플루토

저자는 우주 분야에 관해 매우 깊이 있고 폭넓은 경험을 가지고 있습니다. 그와 여러 해 동안 교류하고 협업하면서 그의 경험을 함께 느낄 수 있었습니다. 무엇보다 저를 가장 놀라게 한 점은 우주산업 전반의 변화를 더욱 잘 이해하고자 하는 그의 끊임없는 지적 호기심과 열정이었습니다. 그는 우주산업에 관한 다양한 책을 즐겨 읽으며, 흥미로운 책들을 여러 권 추천해주었습니다. 우주 비즈니스가 국제 개발과 긴급 구호 활동에 어떻게 기여할 수 있는지를 포함해 폭넓은 주제를 다룬 《우주 비즈니스 레볼루션》은 이러한 경험과 노하우의 결정체입니다.

- 에르베 데레Hervé Derrey 프랑스 탈레스 알레니아 스페이스 CEO

저자는 위성·통신·IT 분야에서 오랜 경험을 쌓아왔습니다. 《우주 비즈니스 레볼루션》은 글로벌 위성 산업을 처음 접하는 독자도 쉽게 이해할 수 있도록 잘 설명되어 있을 뿐만 아니라, 앞으로 중요한 역할을 하게 될 '뉴 스페이스 경제'의 새로운 기술 변화까지도 알기 쉽게 담아냈습니다. 위성 산업에 관심 있는 모든 사람에게 추천합니다.

- 파톰폽 수완시리Patompob Suwansiri 태국 타이콤 CEO

《우주 비즈니스 레볼루션》 차례만 봐도 얼마나 심층적이고 넓은 범위의 내용을 담고 있는지 쉽게 알 수 있습니다. 저자의 풍부한 경험이 응축된 훌륭한 우주산업 참고서입니다.

- 하산 후세인 에르톡Hasan Hüseyin Ertok 튀르키예 터크샛 전 CEO

본격적인 우주 경제 시대를 맞아 최근 스페이스X 등이 주도하는 민간 우주산업이 빠르게 성장하고 있습니다. 전통적인 위성영상 산업, 정지궤도 위성통신, 위성항법 산업은 민간이 주도하는 대규모 위성군을 활용한 저궤도 위성통신, 저궤도 위성항법, AI 기술과 접목한 준실시간의 고해상도 위성관측 등 새로운 패러다임으로 발전하고 있습니다. 이러한 우주기술의 발전은 지상의 자율주행 시스템 및 무인화, 양자암호통신 등과 결합되어 새로운 산업 창출과 혁신으로 이어질 것으로 예상됩니다. 《우주 비즈니스 레볼루션》은 미래 우주 경제 시대의 주요 게임 체인저를 전문가적 식견으로 소개함으로써 새로운 변화가 가져올 영향을 미리 조명하는 시의적절한 저술입니다. 우주 분야의 현장 기술 전문가를 포함한 일반인이 민간 주도의 우주 경제를 폭넓고 깊이 있게 이해하는 데 매우 유용한 정보를 제공하는 이 책을 적극 추천합니다.

- 방효충 국가우주위원회 부위원장, KAIST 항공우주공학과 교수

지금은 바야흐로 우주 혁명의 시대입니다. 세계는 과거 정부 주도의 우주 개발에서 벗어나 민간이 참여하는 뉴 스페이스 시대로의 전환을 목격하고 있습니다. 한국도 우주 산업체들이 여러 역량을 갖추고 글로벌 경쟁력을 확보하기 위한 다양한 정책을 추진하고 있습니다. 어려운 대외 환경 속에서 한국의 성장 잠재력 저하가 우려되는 이 시점에 우주개발은 새로운 돌파구를 모색하는 지름길이 될 것입니다. 《우주 비즈니스 레볼루션》은 우주기술의 다양한 활용과 무궁무진한 잠재력을 심도 있게 다루고 있습니다. 우주를 중심으로 글로벌경제, 산업, 외교의 패러다임이 빠르게 변하고 있는 이 시대에 꼭 필요한 교양서입니다. 또 한국을 대표하는 위성 전문가이자 한국우주기술진흥협회 장으로서 한국의 우주기술 개발과 우주산업 육성을 위해 커다란 역할을 해온 저자의 깊은 고민과 선견지명이 담긴 책입니다. 좋은 책을 내준 저자에게 진심으로 감사를 전하며, 이 책이 한국의 새로운 도약을 응원하는 모든 분에게 널리 읽히길 바랍니다.

— 손재일 한국우주기술진흥협회 회장, 한화에어로스페이스 대표이사

위성과 발사체 같은 우주자산의 개발과 함께 인공위성을 활용한 우주 이용 분야가 우주 경제에서 날로 비중이 확대되고 미래 산업을 선도할 것으로 예상됩니다. 《우주 비즈니스 레볼루션》은 저자의 우주 위성통신, 위성관측, 위성항법 분야의 경험을 바탕으로 우주 경제의 중요성과 핵심을 쉽게 전달하고 있습니다. 위성서비스를 바탕으로 하는 우주 이용 산업은 위성과 발사체 등 우주자산 개발 분야보다 시장 규모가 훨씬 크며, 우주 안보의 핵심 영역으로서 우주 감시와 우주자산 보호, 우주 사이버 안보 분야와 함께 우주산업을 선도하고 있습니다. 이 책은 미래 우주산업의 방향과 위성통신과 위성관측, 위성을 이용한 각종 서비스 영역에 관한 이해를 높여줄 수 있다는 점에서 꼭 읽어보기를 추천합니다.

— 이재우 한국우주안보학회 회장, 건국대학교 항공우주·모빌리티공학과 교수

머리말

 1970년대 후반 중학생이었을 때 강원도 설악산 국립공원에서 야영을 한 적이 있다. 당시에는 국립공원에서 야영하는 데 큰 제약이 없었다. 저녁을 맛있게 요리해 먹고 텐트에서 자다가 새벽에 일찍 깨어 텐트 밖으로 나온 순간 깜짝 놀랐다. 하늘에 별이 가득했기 때문이다. 은하수였을까, 전혀 다른 세계를 마주했다. 말로 표현하기 어려운 순간이었다. 그때의 감동과 충격은 지금까지 강렬하게 남아 있다. 이후 미국 천문학자 칼 세이건이 우주의 기원과 우주탐사에 관해 쓴 《코스모스Cosmos》를 접하게 되었다. 이 책을 읽으며 설악산 밤하늘에서 만난, 우주에 관한 지적 호기심과 갈증을 해소했다. 책 속 자세한 내용은 이제 잘 기억나지 않지만, 설악산에서 만난 황홀했던 우주는 아직도 내 마음속에 각인되어 있다.

 최근 우주가 일반 대중과 우리 사회의 큰 관심을 끌고 있다. 사람들이 밤하늘의 은하수를 자주 보았기 때문은 아니다. 지금은 깊은 산속에서조차 도시의 찬란한 불빛으로 인해 별 무리나 은하수를 관측하기 어렵다. 허블 우주망원경과 제임스 웹 우주망원경이 포착한 은하계의 모습이나 7,000광년 떨어진 독수리성운에서 별들이 최초로 생성되는 '창조의 기둥'을 찍은 신비로운 사진을 접해서도 아니다. 로켓을 반복 재활용하고, 지구 저궤도에서 수천 개의 소형 통신위성을 군집화해 통신서비스를 제공하는 미국 민간기업 스페이스XSpaceX와 그 기업을 이끄는 일론 머스크라는 혁신적 기업가 때문이다.

전통적으로 우주는 과학과 국방의 영역이었다. 우주에 관한 호기심은 천문학과 자연과학을 발전시켰으며, 우주를 향한 미국과 러시아, 강대국들 사이의 경쟁심은 군사적인 발전을 가속화시켰다. 로켓은 처음부터 상대국을 원거리에서 공격하기 위해 만들어졌다. 강대국들은 이 로켓에 인공위성을 실어서 지구 정지궤도에 쏘아 올려 군사용 위성통신을 시작했다. 또 상대방의 군사적 움직임을 빠르게 포착하고 감시하기 위해 고해상도의 카메라를 탑재한 관측위성을 운용한다. 더불어 군사적 목표물을 정확하게 타격하기 위해 정밀도가 높은 위치 정보를 구축하는 위성항법시스템이 개발되었다.

오늘날 우리가 사용하고 있는 위성통신, 위성관측, 위성항법 서비스는 원래 군사적 목적으로 개발되었다가 민간기업이 서비스를 이용하도록 개방되거나 기술 이전·활용된 위성서비스들이다. 그동안 로켓 제작과 발사, 위성 및 탑재체 제작과 관련된 기술과 노하우는 국가, 정부가 주도하고 기업들이 참여하여 발전해왔다.

오랫동안 미국의 여러 민간기업에서 우주공간에 도달할 수 있는 로켓을 순수하게 민간 기술과 자본만으로 만들어서 발사하려고 시도했으나 실패했다. 2006년 스페이스X가 마침내 민간 주도의 로켓 개발과 발사는 물론이고 1단 로켓을 재활용하는 데 성공함으로써 발사 비용을 크게 줄였다. 이후 로켓 랩Rocket Lab 등 여러 민간기업이 로켓을 제작하고 발사하는 비즈니스에 뛰어들었다. 스페이스X가 로켓 발사 사업과 함께 추진한 스타링크Starlink 저궤도 위성통신 사업에 자극받아 유럽의 원웹Eutelsat OneWeb, 아마존의 프로젝트 카이퍼Kuiper, 캐나다의 텔레샛Telesat 등 민간기업이 연이어 참여하고 있다. 정부가 기술을 개발하고 시장을 만드는 정부 주도의 올드 스페이스 시대에서 민간이 기술을 개발하고 시장을 키워가는 민간 주도의 '뉴 스페이스 시대'가 도래한 것이다.

　　스페이스X는 인류를 화성에 보내 정착시키는 최종 목표를 달성하기 위해 거대 우주선인 스타십Starship을 개발하고 있다. 스페이스X는 로켓 발사 시장에서 거의 독점적 위치에 있지만, 저궤도 위성통신 사업에서 큰 이익을 내고 자본을 조달해야 인류의 화성 정착이라는 목표에 다가갈 수 있다.

　　다른 민간 우주 기업들의 관심은 화성이 아닌 다른 곳에 있다. 일반인이 우주선에 탑승해 우주 체험을 하는 우주관광(우주여행), 미세중력 상태에서 실험을 하거나 정밀 제품을 제조할 수 있는 공간을 제공하는 민간 우주정거장 사업, 우주에서 대규모 태양광 패

널을 설치하고 전기를 지구로 전송하는 우주 태양광발전, 소행성에서 희귀 광물을 채취해 지구로 가져와 활용하는 우주 채굴 등 일단 우주공간에 나가면 시도해볼 수 있는 사업이 많다. 하지만 이런 사업은 위험성이 높고 시간이 많이 걸리며 성공 가능성도 상당히 낮다.

유럽은 15세기부터 16세기에 걸친 대항해시대를 통해 새로운 바닷길을 개척하고, 미지의 땅을 찾아서 상업을 발전시키고 식민지를 확장했다. 대항해시대 이전의 바다는 죽음과 두려움의 대상이었다. 유럽의 탐험가들은 아시아에서 가져오는 값비싼 후추와 향신료를 확보하기 위해 경쟁적으로 항로를 찾아 나섰다. 죽음을 무릅쓰고 항해하여 아시아에서 후추와 향신료를 가져오면 큰 이익과 부를 얻을 수 있었다. 당시 후추는 유럽 사회에서 요리의 혁신을 가져왔고 금과 같은 가치를 가졌다. 결혼지참금이나 세금을 내는 데도 후추가 사용될 정도였다.

지금은 우주 대항해시대가 열리고 있다. 위험이 가득한 우주공간을 항해해야 하는 우주 대항해시대에는 큰 보상을 보장하는 후추 같은 고수익 사업이 꼭 필요하다. 우주 광물 채취 사업? 우주 태양광 사업? 어떤 사업이 우주의 후추가 될까.

과학자나 엔지니어는 아니지만 우주산업에 종사하고 싶었던 한 미디어 전문가가 우주산업에 입문하는 과정을 쓴 책이 있다. 켈리 제라디의 《우주시대에 오신 것을 환영합니다》라는 책이다. 그런데 영문 제목이 재미있다. 'Not Necessarily Rocket Science'다. 우주산업도 로켓 발사 사업이 전부는 아니다. 우주 혹은 우주산업이라고 하면 대부분 스페이스X와 같이 발사체를 직접 제작해 우주로 발사하는 모습만을 떠올린다. 혹은 우주관광, 우주 자원 채굴, 우주 태양광발전 같은 미래의 서비스를 상상한다. 두 영역 모두 중요하다. 그러나 로켓 제작과 발사는 우주산업의 매우 작은 영역일 뿐이며, 미래의 우주 서비스는 아직 기술적 경제성이 검증되지 않은 영역이다. 우리는 더 큰 영역, 앞서 언급한 로켓과 미래의 우주 서비스를 이끌 수 있는 현재의 우주산업에 눈길을 돌려야 한다. 균형이 필요하다. 우리가 중요성과 기회를 쉽게 간과하는 우주산업이 위성 활용 서비스다. 위성 활용 서비스란 위성통신, 위성관측, 위성항법 서비스를 가리킨다.

현재 우주산업에서 매우 큰 비중을 차지하는 위성통신, 위성관측, 위성항법 서비스 시장은 더욱 성장할 것으로 예상하고 있다. 그런데 최근 혁명과도 같은 커다란 변화가 진행되고 있다. 위성통신은 기존의 정지궤도위성 중심에서 저궤도위성 등 비정지궤도위성 서비스로 방향을 전환하고 있다. 위성관측도 위성의 군집화, SARSynthetic Aperture Radar 같은 비광학 탑재체를 통한 관측 정보의 고도화를 추구한다. 기존의 글로벌 및 지역 위성항법시스템이 완벽해지고 위치 정밀도가 높아지자 민간에서 저궤도위성을 통해 글로벌 항법시스템을 개발하기 시작했다. 앞으로 위성통신, 위성관측, 위성항법 산업 모두 서비스의 공급량이 크게 증가할 것이다. 문제는 민간 부문의 수요를 얼마나 더 효과적으로 창출해내느냐에 달려 있다.

대부분은 위성서비스의 경제적 측면에만 주목하지만, 위성서비스는 저개발국이나 어려움에 처한 사람들을 돕는 유용한 수단이 될 수 있다. 바로 국제 개발 및 구호 활동에 활용하는 것이다. 국제 개발 및 구호 활동이란 저개발국을 대상으로 선진국 정부나 비정부기구 단체가 경제적·인적·물적·의료적 지원을 하는 행위를 말한다. 저개발국이나 지진, 홍수, 태풍 등 자연재해를 당한 지역의 주민들은 가난, 질병으로 인한 고통, 치안 부재에 따른 신변 위험을 겪는다. 선진국은 정부 차원에서, 그리고 비정부기구 단체 차원에서 많은 금전적·물적 지원을 제공하고 있다.

국제 개발 및 구호 활동은 정부가 재원을 조성하고 직접적인 역할을 한다. 정부는 이미 많은 우주산업 자원을 가지고 있으며, 그 가운데 위성통신, 위성영상, 위성항법 정보는 구호 활동에 꼭 필요한 아이템이다. 우주산업의 규모가 커지면서 국제 개발 및 구호 활동에 투입할 수 있는 자원과 공급량도 충분하다.

이 책은 다양한 우주산업 가운데 위성을 활용한 서비스, 즉 위성통신, 위성관측, 위성항법 서비스 산업을 다룬다. 이런 위성 활용 서비스 시장이 어떻게 형성되었는지, 주요 사업체와 이들 사이에 어떤 경쟁이 벌어지고 있는지 살펴본다. 산업과 사업체는 글로벌 차원에서 서술하고 분석했다. 우주산업, 특히 민간 우주산업은 글로벌 차원에서 기획하고 추진하지 않으면 경제성(범위의 경제, 규모의 경제)을 유지하기 어렵다. 위성 활용 서비스 산업의 글로벌 현황과 전망, 기회를 구체적으로 살펴보고 이를 통해 사업과 투자에 관한 아이디어를 제시하고자 했다. 또 위성 활용 서비스를 국제 개발 및 구호 활동에 활용하고 있는 사례들도 찾아보았다. 우주산업이 지구에서 소외된 이웃들을 효과적으로 도울 수 있는 가능성도 제시해보고 싶었다.

우주산업 가운데 발사체, 위성 플랫폼, 탑재체 제작과 관련된 제조업은 위성 활용 서비스 사업자의 입장에서 간략히 서술했다. 위성 활용 서비스 산업을 설명할 때도 기술이나 과학적 원리는 가급적 단순화했다. 깊이 있는 기술적 내용은 다른 자료나 도서를 참고해주시길 부탁드린다. 우주 관련 서비스 산업이지만 우주관광, 우주 광물 채취, 민간 우주정거장, 우주 태양광발전 사업 등은 너무 초기 단계라서 자세히 서술하지 않았다. 대신 미래 우주산업에 관한 여러 자료와 책은 참고자료에 밝혀두었다.

이 책은 다양한 독자를 염두에 두고 썼다. 첫째 독자는 우주산업을 궁금해하는 일반인이다. 우주라는 공간이 어떻게 민간 주도 사업으로 넘어가게 되었고, 이후에 사업이 어떻게 변화해갈지 이해할 수 있을 것이다. 둘째 독자는 우주산업에서 사업 기회를 찾는 사람들이다. 나름대로 글로벌 관점에서 위성통신, 위성관측,

위성항법 산업의 구도와 시장을 구체적으로 설명하려고 노력했다. 현재 시장과 미래 사업에 관한 통찰을 통해 우주 비즈니스에 도전하기 바란다. 셋째 독자는 우주산업 분야에서 일하는 우주 전문가들이다. 이들은 지금까지 우주산업 기술 발전을 주도해왔다. 민간 우주산업의 현황을 알아보면서 앞으로 개발이 필요한 기술과 서비스를 파악하고 개발을 주도해주리라고 희망한다. 마지막 독자는 국제 개발 및 구호 활동을 하고 있는 정부 관계자나 비정부기구 단체다. 우주산업이 지구에서 소외되고 고통받는 많은 사람에게 희망과 사랑을 전하는 데 유용한 도구로 활용되기를 간절히 바란다.

차례

3장　게임 체인저, 저궤도 위성통신

4장　주파수, 우주 환경, 하드웨어 그리고 위성통신

5장 어떤 곳이든 관찰하고 촬영한다, 위성관측

6장 더 정확한 위치를 알아낸다, 위성항법

7장 매년 늘고 있는 국제 개발 및 구호 활동

뉴 스페이스
시대가 만드는
우주산업

70여 년에 불과한 우주산업의 역사

인류는 역사상 지속적으로 우주에 관심을 가져왔다. 천문학에 머물렀던 우주에 대한 관심은 지구의 중력을 벗어날 수 있는 로켓의 발명과 지구 주위를 공전하며 지상에 신호를 보내는 인공위성 덕분에 큰 발전을 이루었다.

인류는 1950년대부터 태양계의 여러 행성에 탐사선을 보냈고 1969년 최초로 달에 사람을 보냈다. 지구 표면에서 400킬로미터 고도에 우주정거장을 만들어 사람이 거주하며 다양한 연구 활동을 수행했다. 또 심우주deep space의 비밀을 알아내기 위해 지구 저궤도(570킬로미터)와 지구로부터 150만 킬로미터 떨어진 태양과 지구 사이에 각각 우주망원경을 쏘아 올렸다. 우주선을 타고 지구로부터 7개월을 가야 하는 화성에 사람들을 보내 거주시키려는 프로젝트도 진행되고 있다. 이 모든 도전과 기술의 발전은 인류 역사와 비교해보면 정말 짧은 시기에 이루어졌다. 1957년 최초로 인공위성을 쏘아 올린 시점을 생각하면 70년이 채 되지 않는다.

2차 세계대전이 끝나고 냉전시대가 지속되면서 미국과 러시아 (구 소련)의 우주 경쟁이 시작되었다. 두 국가는 막대한 국가 예산을 투입해 우주인을 지구 저궤도나 달에 보내기 위한 로켓과 우주선을 개발했다.

러시아는 1957년 10월 최초의 인공위성 스푸트니크 1호를 발사했으며, 1961년에는 우주비행사 유리 가가린이 인류 최초로 우주비행에 성공하면서 전 세계에 충격을 주었다. 미국은 우주개발을 위해 미국항공우주국(이하 NASA)을 설립해 달에 사람을 보내는 아폴로 계획을 진행했다. 총 6회(1969년 11호부터 1972년 17호까지, 13호는 실패)에 걸쳐 열두 명의 우주인을 달에 보냈다. 이후 미국의 유인우주선은 지구 저궤도의 우주정거장에 사람과 물자를 보내는 데 집중했다. 그로부터 50년이 지난 지금까지 어떤 국가도 더 이상 달 표면에 사람을 보내지 않고 있다. 다만 미국은 현재 다시 달에 사람을 보내는 아르테미스 계획을 추진하고 있다.

더 이상 달에 사람을 보내지 않게 된 이유는 여러 가지다. 먼저 미국과 러시아 간의 냉전 구도가 종식되면서 우주개발과 탐사를 진행하던 국가들끼리 경쟁할 필요가 사라졌다. 더욱이 우주개발에는 막대한 국가 예산이 들어간다. 민간이 주도하는 다른 산업은 시간이 지나면서 규모의 경제가 작동하므로 생산물의 제조원가가 감소한다. 그러나 우주개발 분야 산업은 제조원가가 자연 감소하지 않는다. 로켓이나 인공위성, 우주선은 표준화에 의한 대량 생산이 어려워서 수작업으로 제작해야 하기에 제조원가를 줄이는 일이 쉽지 않다. 특히 발사체 로켓은 일회용이라서 비용을 줄이기 어려웠다. 그런데 로켓 제작의 혁명이 민간 부문에서 일어났다.

민간 로켓 개발 노력의 결정판, 스페이스X

　로켓은 우주개발에서 핵심적 역할을 한다. 로켓은 지구 중력을 벗어나 최소한 지표면에서 고도 80~100킬로미터에 있는 우주의 경계(카르만 라인Kármán line)에 도달해야 한다. 지구 중력으로부터 탈출해야 지구궤도에 인공위성을 위치시키거나 우주선을 머나먼 태양계 혹은 더 먼 성간 우주로 보낼 수 있기 때문이다. 우주선이 카르만 라인 밖으로 나가기만 해도 우주선 임무의 50퍼센트 이상은 성공했다고 볼 수 있다. 로켓 개발은 그만큼 중요하다.

　로켓 사업은 전통적으로 국가 연구기관이 주도해왔다. 로켓의 엔진, 몸체, 연료 저장 장치, 전기·전자 장비 등은 여러 민간기업이 협업하여 제작하지만, 로켓과 관련된 기술 개발과 디자인, 조립

과 발사는 대부분 국가기관에서 수행하며 이에 관한 노하우와 특허권을 소유한다. 예를 들어 미국은 NASA가 로켓 제작을 발주하고 제작은 보잉Boeing, 록히드 마틴Lockheed Martin, 노스롭 그루먼 Northrop Grumman 같은 거대 방위산업체가 담당했다. 로켓의 발사 성공률을 높이기 위해 검증된 부품만 사용하다 보니 새로운 부품, 새로운 방법론, 새로운 소프트웨어를 적용하는 것을 극도로 꺼리게 되고, 그래서 기술혁신이나 원가절감을 이루기가 쉽지 않았다.

미국에서는 민간에서 로켓을 제작해 우주로 쏘아 올리려고 시도한 사례가 많다. 1982년 9월 스페이스 서비스Space Services Inc.가 텍사스에서 발사한 코네스토가 1호가 우주(경계)에 도달한 첫 번째 민간 로켓이 되었다. 그러나 지속적인 로켓 개발 노력에도 불구하고 재정적인 어려움 때문에 1990년대 중반 기업 운영을 중단했다.

빌 에어로스페이스Beal Aerospace는 1997년 설립된 민간 로켓 기업이다. 부동산 투자로 큰 돈을 번 억만장자인 창업자 앤디 빌은 2억 달러를 투자해 로켓을 개발했으나 결국 파산했다. 빌 에어로스페이스가 구축한 텍사스 맥그리거의 발사 시설은 2003년 스페이스X에 임대되었다.

로터리 로켓Rotary Rocket은 로톤이라는 수직이착륙 로켓을 개발했으나 2001년에 폐업했다. 한편 키슬러 에어로스페이스Kistler

Aerospace의 대표 조지 뮬러는 아폴로 계획에서 유인우주선 개발을 지휘했던 우주항공계의 전설적 인물이었다. 재활용 로켓과 국제우주정거장에 화물을 나르는 로켓을 개발하려 했으나 개발 자금이 부족해지자 2006년에 파산했다[1].

이처럼 민간기업에서 시도한 로켓 개발은 모두 실패했다. 스페이스X가 2008년 9월 팰컨 1 로켓을 성공적으로 지구궤도에 쏘아 올리기 전까지는 그랬다. 스페이스X는 로켓 디자인, 제작, 발사를 자체적으로 수행했고 많은 시행착오를 거쳐 결국 성공했다. 민간 주도라는 상징성을 가지게 되었을 뿐 아니라 제작 단가도 크게 절감했다. 기술적으로 1단 로켓을 재활용하는 데 성공함으로써 로켓 발사 비용이 감소했는데, 이는 혁명과도 같았다[2, 3]. 현재 스페이스X의 로켓 발사 비용 수준을 감당할 만한 다른 로켓 제작 기업은 없다. 미국의 전통적인 로켓 제작 방위산업체들과 경쟁하며 한때 글로벌 로켓 발사 시장점유율 1위였던, 유럽의 아리안스페이스 Arianespace에서 제작한 아리안 로켓도 가격경쟁력에서 밀려 발사 시장을 잃었다. 지금은 스페이스X가 로켓 발사 분야에서 전 세계 부동의 1위를 점하고 있다.

스페이스X는 저렴한 로켓 발사 비용의 경쟁력을 기반으로 저궤도 통신위성을 이용한 스타링크 사업을 시작했다. 2019년 5월 첫 번째 스타링크 위성이 스페이스X의 팰컨 9 로켓에 실려 발사되었다. 스타링크는 지구 저궤도 550킬로미터 인근에 수천 개의 통신위성을 배치해 지구 모든 지역에 통신(인터넷)서비스를 제공하는 것을 목표로 한다. 2024년 말 기준 6,800기 이상의 통신위성이 지구 저궤도를 돌며 통신서비스를 제공하고 있다. 2024년 매출은 약 82억 달러로 추정된다. 스타링크의 성공적 출발과 안정적 자금 흐름은 일론 머스크의 궁극적 목적인 '화성에 인간이 거주하는' 꿈을 실현하는 밑바탕이 될 것이다[4, 5].

뉴 스페이스가 불러온 변화와 도전

　스페이스X의 성공과 혁신은 기존 우주산업에 큰 파장과 변화를 가져왔다. 발사체 분야에서는 자체적으로 소형(1,000킬로그램 이하의 탑재물을 지구 저궤도에 투입할 수 있는 성능) 로켓을 제작해 발사하려는 민간 스타트업 기업이 전 세계에서 나오기 시작했다. 로켓 랩, 아스트라Astra Space Inc., 버진 오빗Virgin Orbit, 랠러티비티 스페이스Relativity Space 등은 미국 스타트업이다. 유럽에서는 독일의 이자르 에어로스페이스Isar Aerospace와 로켓 팩토리 아우크스부르크 Rocket Factory Augsburg, 스페인의 PLD 스페이스PLD Space, 영국의 올벡스Orbex와 스카이로라Skyrora, 프랑스의 래티튜드Latitude 등이 대표적인 스타트업이다. 아시아에는 중국의 스페이스 파이어니어

Space Pioneer, 랜드스페이스Landspace, 갤럭틱 에너지Galactic Energy, 일본의 인터스텔라Interstellar, 스페이스 원Space One 등이 있다. 국내에서도 이노스페이스Innospace, 페리지에어로스페이스Perigee Aerospace, 우나스텔라Una Stellar 등이 소형 발사체 시장에 뛰어들었다.

위성체 제작 분야에도 많은 민간기업이 새롭게 진입했다. 지구궤도를 도는 위성체는 활용 목적에 따라 크게 통신위성, 관측위성, 항법위성으로 분류할 수 있다. 기존에는 미국의 보잉, 록히드 마틴, 노스롭 그루먼, 유럽의 에어버스Airbus, 탈레스 알레니아 스페이스Thales Alenia Space 같은 전통적인 방위산업체들이 정지궤도 통신위성, 군용 관측위성, GPS 혹은 갈릴레오 항법위성을 제작해 왔다. 그러나 위성의 임무를 결정하는 탑재체와 플랫폼 기술이 발전하면서 민간기업이 위성을 더 쉽게 제작할 수 있게 되었다. 위성의 크기도 점점 소형화되었다. 소형화된 위성은 발사 비용 감소라는 이점을 활용하여 많은 위성을 발사하고 운용하는 군집화를 가능하게 만들었다.

스페이스X, 원웹 같은 저궤도 위성통신 사업자는 500킬로그램 내외의 통신위성(정지궤도위성은 3,500킬로그램 내외)을 직접 제작한다. 플래닛 랩스Planet Labs, 블랙스카이Blacksky, 아이스아이Iceye 같은 민간 관측 위성서비스 회사도 자체적으로 위성을 디자인하고 제작한다. 민간 관측 위성서비스 기업이 생산한 지구 관측 이미지는 해상도가 지속적으로 향상되면서 군이나 정부기관이 고정 고객이 되어가고 있다.

위성항법시스템GNSS, Global Navigation Satellite System 서비스는 기본적으로 정부가 제공한다. 미국의 GPS, 유럽의 갈릴레오, 중국의 베이더우 위성항법시스템은 기본적으로 무료지만, 정확도(위치 오차)가 20미터 내외라서 정밀한 위치 추적이 어렵다. 그런데 민간기업 조나 스페이스 시스템스Xona Space Systems가 300기의 저궤도 위성을 통해 정밀도가 1미터 이내, 수십 센티미터인 서비스를 구현하겠다고 나섰다. 로켓 제작 및 발사뿐 아니라 통신, 관측, 항법 등 모든 위성 제작과 활용 서비스에서 민간기업이 주도하는 진정한 뉴 스페이스 시대가 전개되고 있다.

뉴 스페이스 추세가 빨라지면서 기존의 우주산업 기업들도 변화의 소용돌이 속으로 들어갔다. 미국의 전통적인 발사체 강자인 ULA(보잉과 록히드 마틴이 2006년에 합작해 만든 로켓 회사)는 높은 단가에도 불구하고 NASA의 발사 물량을 지속적으로 수주해왔다. NASA는 발사 서비스의 안정성과 신뢰성을 높이기 위해 낮은 가격의 스페이스X와 높은 가격의 ULA를 함께 이용한다. 다만 ULA의 비중은 계속 감소하고 있다.

유럽의 발사체 강자인 아리안스페이스는 오랫동안 성공적으로 서비스해온 아리안 5의 추가 개발을 중단하는 대신 스페이스X에 대응할 수 있는 경제적이고 효율적 모델인 아리안 6 개발을 추진해왔다. 아리안 6는 원가절감을 위해 생산 물량을 확대하고 발사 주기를 단축하려고 노력했다. 2024년에 처음 발사할 예정이었으나 개발에 어려움을 겪다가 2025년 3월 프랑스 정찰위성을 목표 궤도에 올리면서 최초로 상업 발사에 성공했다. 2025년에만 여섯 번의 추가 발사를 계획하고 있다.

과거 대형 및 고가의 통신, 관측용 위성체 제작은 미국과 유럽의 방위산업체가 주도했다. 미국의 보잉, L3해리스L3Harris, 록히드 마틴, 노스롭 그루먼 등은 군용과 상업용 통신위성(정지궤도), 군용 관측위성을 제작해왔다. 상업용 통신과 관측위성을 제작하던 미국 방위산업체들은 유럽 사업자들과의 경쟁이 심화되고 가격을 내리라는 압박을 지속적으로 받자 상용 시장에서 철수하고 있다. 지금은 고가의 특수 위성이나 군용 위성 시장에 집중하고 있다. 참고로 록히드 마틴은 1995년에 발사한 국내 1호 방송 통신위성인 무궁화 1호를 제작한 이후로 상업용 통신위성과 여객기 개발을 중단했다. 상업용 위성이나 상업용 항공기는 가격경쟁이 심한 탓에 수익성이 떨어져서 군수 시장에 집중하는 전략을 선택했기 때문이다.

유럽 국가들의 위성 제작은 에어버스, 탈레스 알레니아 스페이스, OHB가 수행했으며, 미국 기업과 가격경쟁을 하면서 상업용 위성 제작 시장에서 꾸준히 점유율을 높여왔다. 하지만 스페이스X의 스타링크 저궤도 위성통신이 등장하고, 소형 관측위성의 군집화가 진행되면서 그동안 확고했던 정지궤도와 대형 위성 중심의 시장이 위태로워졌다. 스페이스X, 원웹, 아마존Amazon, 텔레샛 같은 많은 저궤도 통신사업자가 저궤도용 소형 위성을 사용하며, 군집화를 위한 대량의 위성을 직접 제작하기도 한다. 이런 현실은 정지궤도와 대형 위성을 중심으로 제작해온 기존 유럽 사업자들의 기반을 크게 흔들고 있다.

글로벌 우주산업의 시장 규모

우주산업은 크게 위성체, 발사체, 지상 장비, 위성 활용 서비스로 분류한다. 위성체, 발사체, 지상 장비 산업은 제조업 영역이고 위성 활용은 서비스업 영역이다. 가치사슬 차원에서 보면 위성체, 발사체 제작은 업스트림upstream 산업이고, 지상장비와 위성 활용은 다운스트림downstream 산업이다. 가치사슬value chain이란 기업이 제품이나 서비스를 생산, 유통하면서 고객들에게 가치가 전달되는 활동들을 의미한다. 원료나 부품의 구매, 조달, 제조, 운반, 유통 등을 담당하는 공급업체를 의미하기도 한다. 시냇물이 높은 곳에서 낮은 곳으로 흐르는 것처럼 고객에게 전달되는 가치는 업스트림(높은 곳)에서 다운스트림(낮은 곳)으로 이동한다.

가치의 흐름	산업 및 서비스	세부 활동	관련 기업
업스트림	위성 제작	위성 플랫폼 및 탑재체 제작	보잉, 에어버스, 탈레스 알레니아 스페이스, 아스트라니스, 플래닛 랩 등
	위성 발사	발사체 제작 및 발사 서비스	스페이스X, 블루 오리진, 아리안 스페이스, 로켓 랩, 로스코스모스, CASC , ISRO 등
다운스트림	위성 운용	지상 장비 제작, 위성 관제 및 운영	인텔리안, 코브햄(안테나 및 단말 제작), 인텔샛, SES, 스타링크, 원웹, 플래닛 랩, 블랙스카이, 아이스아이 (위성 운용)
	위성 활용 서비스	데이터 제공 및 분석 서비스	마링크(해양통신), 아누브(IFC 사업), VSAT 사업자, 오비탈 인사이트 (위성관측), SBAS · GBAS 사업자 (위성항법)

가치사슬에 따른 우주산업 분류

이를 우주산업에 적용하면 위성체 제작과 관련된 산업(탑재체 제작, 플랫폼 부품 제작 등)이 전방(업스트림) 산업이다. 위성체를 궤도에 올리기 위한 발사체 제작, 발사 서비스도 전방 산업으로 분류한다. 단말을 포함한 지상 장비 제작이나 위성 관제 및 운용은 중간(미드스트림) 혹은 후방(다운스트림) 산업으로 분류한다. 성공적으로 궤도에 안착해 운용되는 위성을 통해 고객에게 제공되는 통신, 관측, 항법 같은 다양한 위성 활용 서비스는 후방 산업으로 정의한다. 산업 규모로 나누면 위성 활용 서비스가 가장 큰 비중을 차지한다.

미국 위성산업협회SIA, Satellite Industry Association 조사에 따르면
2023년 전 세계 우주산업의 경제 규모는 4,000억 달러로 추정된
다6. 여기서 각국 정부의 우주 예산과 상업용 유인 우주비행 예산
을 제외한 상업용 위성 산업은 2,850억 달러를 차지했다. 이 가운
데 발사체 제작 및 서비스가 72억 달러(2.5퍼센트), 위성체 제작이
172억 달러(6.0퍼센트)를 차지하며, 위성 활용 서비스 1,102억 달러
(38.6퍼센트)와 지상 장비 제작 1,504억 달러(52.7퍼센트)가 큰 비중을
차지한다.

일반적으로 우주 관련 산업은 발사체 제작과 발사 서비스만
생각하는 경향이 있다. 그런데 전 세계 우주산업이나 시장 측면에
서 보면 오히려 단말을 포함한 지상 장비와 위성 활용 서비스 산
업이 훨씬 큰 비중을 차지한다. 위성TV 시장은 전년 대비 6퍼센
트 감소했음에도 위성 활용 서비스에서는 772억 달러로 70퍼센트
나 차지하는 가장 큰 사업이다. 위성인터넷 시장은 전년 대비 40퍼
센트 대폭 성장해 48억 달러의 수익을 냈다. 기업용 위성통신 시
장 수익도 전년 대비 3퍼센트 성장해 182억 달러에 달했다. 원격
탐사(위성 관측 포함) 시장 수익은 10퍼센트 성장해 32억 달러를 달
성했다. 발사체의 경우 2023년에는 221차례의 로켓이 발사되어 전
년 대비 19퍼센트 증가했고, 위성체는 전년 대비 20퍼센트 증가한
2,781기의 위성이 발사되었다. 참고로 한국우주기술진흥협회KASP

1장 뉴 스페이스 시대가 만드는 우주산업

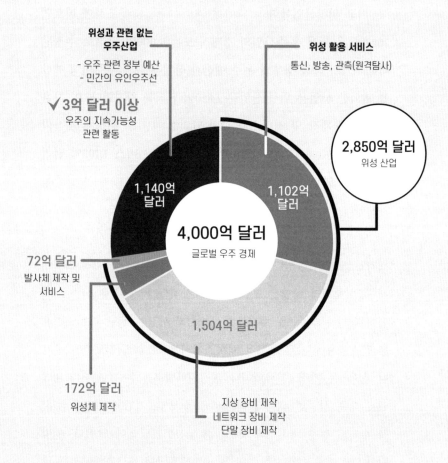

위성과 관련 없는 우주산업
- 우주 관련 정부 예산
- 민간의 유인우주선

✓ **3억 달러 이상**
우주의 지속가능성 관련 활동

위성 활용 서비스
통신, 방송, 관측(원격탐사)

2,850억 달러
위성 산업

1,140억 달러

1,102억 달러

4,000억 달러
글로벌 우주 경제

72억 달러
발사체 제작 및 서비스

172억 달러
위성체 제작

1,504억 달러

지상 장비 제작
네트워크 장비 제작
단말 장비 제작

2023년 전 세계 우주산업 규모

출처: SIA(Satellite Industry Association)

에서 조사한 2023년 국내 우주산업 규모는 4조 651억 원(약 31억 달러)이다. 발사체 제작 분야 3,036억 원(7.5퍼센트), 위성체 제작 분야 8,839억 원(21.7퍼센트)으로 전 세계 시장 규모와 비교해 비중이 더 높은 반면, 지상 장비는 2,790억 원(6.9퍼센트)으로 비중이 상당히 낮다.

상상을 현실화하는 미래의 우주산업

 뉴 스페이스 시대가 펼쳐지면서 전통적인 분류 말고도 다양한 우주 관련 산업이 출현하고 있으며, 이를 사업화하려는 신생기업들이 나오고 있다.

 우주관광은 버진 갤럭틱Virgin Galactic, 블루 오리진Blue Origin이 사업화에 성공했다. 대중화하려면 앞으로 서비스의 신뢰성과 안정성을 높여야 하지만, 높은 가격에도 우주관광에 참여하겠다는 대기자가 매우 많다7. 우주관광의 긍정적인 면을 설명할 때 조망효과를 자주 거론한다. 조망효과overview effect란 미국 작가 프랭크 화이트가 우주로 나간 경험이 있는 29명의 우주인을 심층 인터뷰한 후 1987년에 발표한 용어다. 로켓을 타고 우주 경계선에 이르러

푸른 지구를 바라보면 인생관이나 사고방식이 크게 변화하는 현상을 말한다. 다수의 우주인이 경험하고 공감하는 정신적 변화다. 우주관광은 민간 우주정거장을 건설하면 우주 호텔 서비스로도 발전할 수 있다.

우주 태양광발전 사업도 있다. 대규모의 태양전지판을 우주에 설치하여 태양에너지를 전기에너지로 변환한 다음, 저장된 전기에너지를 전파로 바꾸어 지구에 전송하면 다시 전기에너지로 변환해 사용하겠다는 사업이다.

화성과 목성 사이의 소행성대나 혜성처럼 움직이는 소행성 중에는 백금같이 지구에서 희소하고 귀중한 광물자원을 가진 소행성이 있다. 우주 자원 채굴은 이런 광물을 가진 소행성뿐 아니라 달이나 화성 등에 존재하는 물, 수소 등을 확보하는 것도 포함된다. 물을 전기분해하여 얻을 수 있는 수소는 우주선의 매우 중요한 연료다.

우주 주유소 사업도 인류가 장기적으로 우주에서 활동하는 데 꼭 필요하다. 향후 핵 추진 우주선이 개발되기 전까지 우주에서의 활동은 액체·고체연료를 기반으로 하는 로켓에 의존한다. 지구에서 장거리를 이동해야 하는 우주선이나 지구 정지궤도에서 자세를 제어하기 위해 계속 연료를 소모하는 인공위성은 연료를 다시 급유하면 수명을 크게 연장할 수 있다[8]. 2018년에 창업한 미국의 스타트업 오빗 팹Orbit Fab이 이 분야에 두각을 나타내고 있다.

지구 저궤도에는 크고 작은 엄청난 양의 우주쓰레기가 총알보다 열 배 빠른 속도(초속 7.8킬로미터)로 지구 주위를 회전하고 있다. 상단부 로켓, 실험용 초소형 위성, 충돌에 의해 파괴된 파편 잔해 등이다. 3만 4,000개가 넘는 지름 10센티미터 이상의 물체가 지구 저궤도에 퍼져 있다. 우주쓰레기는 지구 저궤도에서 운용하고 있는 통신위성, 관측위성뿐 아니라 우주정거장에 실질적인 위협이 된다. 그래서 이들 위성과 우주정거장은 우주쓰레기의 이동경로를 미리 예측하여 충돌을 피하기 위해 현재 궤도를 변경하는 회피 기동을 자주 수행한다. 새로운 위성을 저궤도에 발사할 때에도 로켓의 비행경로에 우주쓰레기와 충돌할 가능성이 있는지를 면밀히 계산하고 분석한다. 특정 우주쓰레기를 포획해서 처리(지구로 추락시켜 불태우는 과정)하는 우주쓰레기 제거 사업이 주목받는 이유다. 일본의 스타트업 아스트로스케일Astroscale은 2021년 3월에 우주쓰레기 포획 실험을 하기 위한 검증용 위성을 발사했다. 2025년 3월 처음 발사한 우주선이 저궤도를 떠도는 위성 잔해에 성공적으로 접근하는 등 이 분야의 기술을 고도화하고 있다.

국제우주정거장은 지구 저궤도 400킬로미터에 위치해 있다. 1998년부터 2025년 현재까지 미국과 러시아를 비롯해 총 15개국이 공동으로 투자, 운영하고 있다. 주요 임무는 지구상의 실험실에서는 구현하기 어려운, 거의 중력이 없는 미세중력 상태에서 다양한 과학 분야를 연구하며 우주기술을 개발하고 검증하는 것이다.

예를 들어 사람의 몸이나 식물이 우주에서 어떻게 변하는지, 고순도 의약품이나 화학물질을 만들 수 있는지 등을 테스트할 수 있다. 그동안 우주정거장은 몇 차례 수명을 연장했으나 2030년까지만 운영하고 이후에 폐기를 위한 궤도 이탈을 계획하고 있다.

중국은 2021년부터 모듈을 발사하기 시작해 2024년 톈궁이라는 자체 우주정거장을 건설했다. 미국은 액시엄 스페이스Axiom Space, 블루 오리진, 나노랙스Nanoracks·록히드 마틴이 민간 우주정거장을 건설하겠다는 계획을 세웠다. 막대한 자본과 기술력이 요구되는 우주정거장 건설과 운영도 뉴 스페이스의 영역이 되었다. 민간기업들은 우주정거장을 통해 지구에서는 불가능한 고정밀기기 생산, 고순도 화학물질 배합 등을 수행하는 첨단 공장을 운영할 수 있다. 미세중력이 작용하는 곳에서만 가능한 공정을 테스트해볼 수 있기 때문이다. 미세중력을 활용한 연구개발과 제품 생산은 민간 우주정거장의 주요 사업이 될 것이다.

2장

지상통신
VS 위성통신

더 효율적인 TV 방송을 위해,
정지궤도 위성통신

1895년 이탈리아 발명가 굴리에모 마르코니가 무선전파를 이용한 통신을 개발하고, 1901년 영국 콘월주의 폴듀에서 캐나다 뉴펀들랜드주의 세인트존스까지 대서양을 건너 무선통신에 성공하면서 본격적인 무선통신의 시대가 시작되었다. 당시 서구 사회는 제국주의를 추구하고 있었기에 수천 킬로미터 떨어진 식민지와 무선으로 실시간 소통하는 것이 매우 중요했다. 처음에는 모스부호를 사용하는 무선전신기로 단순한 의사소통을 하다가 이후 라디오와 TV가 발명되고, 이를 활용한 방송이 큰 산업으로 발전했다 (TV는 1939년 뉴욕 세계박람회에서 최초로 소개되었다).

초기 TV 방송은 서비스를 하려면 지상에 아주 많은 무선중계기(혹은 안테나)가 있어야 했다. 지상에서는 산 같은 자연적인 지형지물과 인공적인 빌딩에 의해 전파가 방해받거나 차단되기 때문이다. 전국적인 TV 방송을 하기 위해 많은 방송 중계기를 산 정상이나 높은 타워에 설치해도 TV 전파를 수신할 수 없는 음영 지역이 생긴다는 점이 항상 문제였다.

이런 문제를 해결하고 TV 방송 전파를 원활하게 송출하기 위해 방송 중계기를 아주 높은 곳, 이를테면 하늘(우주)에 설치하자는 아이디어가 나왔다. 1945년 영국 SF 작가이자 과학자인 아서 클라크가 무선통신 전문 잡지 《와이어리스 월드Wireless World》에 지구 정지궤도를 이용한 방송 중계 아이디어를 처음으로 제안했다1. 1957년 러시아가 인류 최초의 인공위성 스푸트니크 1호를 지구 저궤도에 쏘아 올린 사실을 생각하면 놀라운 상상력이었다. 20년 후 클라크의 상상은 현실이 되었다. NASA가 1964년 동경 180도(날짜변경선) 태평양 상공에 최초의 정지궤도위성 싱컴 3호를 쏘아 올렸다. 같은 해 개최된 도쿄올림픽이 이 위성을 통해 중계방송되었다.

위성통신 산업의 시작, 인텔샛과 인말샛

1964년 미국을 중심으로 11개국이 참가한 국제전기통신위성기구ITSO, International Telecommunications Satellite Organization(인텔샛)가 미국 워싱턴에서 조약 형태로 출범했다. 이 조약의 목적은 전 세계적인 상업 위성통신을 개발하고 운영하여 모든 국가, 특히 저소득·저개발국가들에 보편적인 국제전화 서비스를 제공하는 것이었다. 미국의 경우 정부가 1963년에 설립한 공기업 콤샛Comsat이 인텔샛의 회원사가 되었다.

인텔샛은 2001년도에 민영화되기 직전까지 회원국이 148개국이었으며, 19기 이상의 정지궤도위성을 소유하고 운용했다. 폐기한 위성까지 포함하면 총 86기의 위성을 궤도에 발사했다. 첫 번째 위성 인텔샛 1을 1965년에 대서양 상공에 발사했고, 그다음 태평양에 인텔샛 2를, 인도양에 인텔샛 3를 발사해 국제방송, 국제전화, 국제전용회선 서비스를 제공했다.

한국은 1967년도에 57번째 회원국으로 가입했다. 1970년에 충청남도 금산에 위성지구국을 개국하고 인텔샛 2 위성을 통해 136회선의 국제전화 서비스를 시작했다.

인텔샛은 2001년 민영화된 후 글로벌 경쟁이 심화되면서 경영에 어려움을 겪었다. 그러자 2004년 사모펀드가 35억 달러에 인수했고, 2007년 다시 다른 사모펀드가 160억 달러에 인수했다. 2020년에는 파산보호 신청을 할 정도로 경영 상황이 나빠졌으며, 2024년 룩셈부르크의 위성통신 기업 SES가 31억 달러에 인수하는 계약을 체결했다. 관련 규제 기관의 승인을 받은 후 2025년 하반기에 인수를 마무리할 예정이다.

국제해사위성기구INMARSAT, International Marine Satellite Organization (인말샛)는 1979년 국제해사기구IMO가 주도한 정부 간 협약으로 영국 런던에 본부를 두고 설립되었다. 인말샛은 선박의 안전한 항행을 목적으로 11기의 정지궤도위성을 운용하며 위성통신 서비스를 제공해왔다. 1989년부터는 항공기와 육상 이동통신 서비스도 제공하기 시작했다. 이리듐Iridium, 글로벌스타Globalstar 같은 민간 통신위성과 경쟁하기 위해 1999년에 민영화했다. 미국 하원이 상업용 인공위성의 독점체제를 끝내는 법안을 발의한 것이 계기가 되었다.

인말샛은 2005년 6월 런던 증권시장에 상장되었으나, 2019년 APAX 등 사모펀드에 인수되면서 결국 상장폐지되었다. 이후 2021년 미국의 위성통신 기업 바이어샛Viasat이 73억 달러에 인수하겠다는 계약을 발표했고, 2023년 최종 승인되었다.

해저케이블에 패배한 위성통신

전파를 이용한 무선통신이 도입되기 전까지 전신(모스부호)과 음성통신을 위한 국제 및 장거리 통신은 해저케이블을 이용했다. 1851년 영국과 프랑스 사이에 있는 도버해협에 구리선 케이블을 설치해 이용하는 데 성공했다. 이때부터 구리선 해저케이블이 장거리 통신에 사용되었다.

2차 세계대전이 끝난 뒤 전후 복구가 시작되고 각국 경제가 성장하면서 국제 및 장거리 통신 수요가 크게 급증했다. 전신과 음성전화를 무선통신으로 이용할 수 있었지만 당시에는 암호화 기술이 미흡해 보안을 지키기 어려웠다. 또 지상 무선통신은 전파라는 한정된 자원을 사용하기 때문에 전송용량에 한계가 있고,

다른 사람이 동일한 주파수를 사용하면 혼신이나 간섭이 일어나 통신이 어려워지는 등 늘어나는 통신 수요를 충족시키기 힘들었다. 기존의 구리선 단심케이블(하나의 도체만으로 구성된 케이블)을 절연재와 금속망으로 둘러싸 외부의 전기 간섭을 차단하고 고주파 대역을 전송할 수 있도록 한 동축케이블 방식의 대용량 전송 해저케이블이 대안으로 등장했다. 1951년 대서양 횡단 케이블을 동축케이블로 설치한 뒤로 1980년대까지 각 대양에 많은 해저케이블이 설치되었다. 비슷한 시기에 인텔샛이 설립되면서 위성통신이 국제 및 장거리 통신의 또 다른 축을 담당한다.

1970년에 미국 기업 코닝Corning이 최초로 저손실 광섬유를 개발한 뒤부터 빛으로 정보를 전달하는 광케이블을 이용하기 시작하면서 동축케이블보다 엄청난 양의 정보를 전달할 수 있었다. 1986년에는 빛 신호를 멀리까지 더 세게 보내주는 광증폭기가 개발되어 수천 킬로미터에 달하는 해저케이블에도 사용할 수 있게 되었다. 1989년 광케이블로 태평양 횡단 케이블을 설치한 때부터 지금까지 해저케이블은 광케이블을 이용한다. 광케이블은 단위 정보당 건설 비용도 매우 저렴하다. 동일한 국제 및 장거리 통신서비스를 하는 경우 위성통신은 서비스 제공 원가에서 해저케이블의 경쟁 상대가 되지 못한다. 1990년대부터 본격적으로 해저 광케이블이 건설되고 서비스되기 시작하자 위성통신은 TV 방송과 특정 지역 대상의 데이터, 인터넷 서비스에 집중하게 된다.

민간 위성통신 사업자들의 뜨거운 경쟁

1990년대 위성통신 시장에서는 인텔샛, 인말샛뿐 아니라 많은 민간사업자가 경쟁을 벌이고 있었다. 1984년 설립된 팬암샛 PanAmSat은 민간 상업용 위성통신 사업자로 인텔샛과 전용회선, 방송중계 서비스 분야에서 경쟁했다. 팬암샛은 1997년 휴스전자 Hughes Electronics에 인수되었다가 2006년 인텔샛에 합병되었다.

휴스전자는 1985년 휴스항공Hughes Aviation을 제너럴모터스GM 가 인수하면서 방위산업과 항공우주 사업을 담당하는 자회사로 바뀌었다. 1990년에는 자회사 디렉TVDirecTV를 설립해 1994년부터 미국에서 최초의 상업 위성방송 서비스를 제공하고 있다. 이후 2015년에 AT&T가 약 485억 달러에 디렉TV를 인수했다.

휴스항공에서 분리되어 나온 휴스통신Hughes Communications은 전용회선, 인터넷 등 위성통신 서비스를 제공하는 한편 초소형 지구국인 VSATVery Small Aperture Terminal, 네트워크 솔루션 장비 등을 공급해왔다. 휴스통신의 위성통신 서비스에 사용하는 위성은 보잉, 록히드 마틴 등이 제작한다.

에코스타Echostar는 1980년 찰리 에르겐이 설립한 위성안테나 제작 판매 기업이다. 1996년에는 위성방송 기업 디시 네트워크DISH Network를 설립한 뒤 디지털 방송, 디지털 비디오 레코더 기술을 도입해 크게 성공했다. 2011년 휴스통신을 인수한 다음 위성방송과 위성통신, 솔루션을 망라하는 서비스를 제공하고 있다.

바이어샛은 1986년 마크 당크버그와 마크 밀러 등이 설립한, VSAT 장비 같은 통신시스템을 제작하는 회사다. 2011년에는 바이어샛 1 위성을 발사함으로써 위성통신 서비스 시장에도 진출했다. 2017년에는 300기가비트 퍼 세컨드Gbps 용량의 바이어샛 2 위성을 발사해 북미와 중남미 시장에도 서비스하고 있다. 현재는 1테라비트 퍼 세컨드Tera bps급의 바이어샛 3 위성 세 기를 발사해 전 세계에 서비스하겠다는 계획을 가지고 있다[2].

이리듐 프로젝트의 시작과 실패

1991년 모토로라Motorora를 중심으로 전 세계 17개국 사업자가 컨소시엄을 구성해 저궤도 위성통신(휴대전화) 사업인 이리듐 프로젝트를 시작했다. 고도 780킬로미터 저궤도에 66기의 통신위성을 쏘아 올려 국제 로밍이 필요 없는 글로벌 휴대전화 네트워크를 만들겠다는 프로젝트다. 1997년과 1998년에 위성을 발사하면서 서비스를 시작했다. 그런데 처음 예상했던 약 50억 달러보다 늘어난 투자와 운용 비용, 예상 밖 낮은 수요, 지상 이동통신망의 급격한 확산으로 인해 1999년 파산을 신청했다. 2000년 3월에 서비스를 중단한 뒤 그해 11월 새로운 투자자에게 2,500만 달러에 매각되었다. 현재는 위성을 통해 전 세계 사물의 위치나 상태를 실시간으로 파악할 수 있는 위성 IoT^{Internet of Things} 사업을 중심으로 운영되고 있다. 이리듐 프로젝트가 실패하면서 프로젝트를 주도한 모토로라는 큰 재정적 어려움을 겪었다.

1991년 로랄^{Loral}과 퀄컴^{Qualcomm}이 합작법인을 설립하면서 글로벌 위성휴대전화 사업을 위한 글로벌스타 프로젝트가 추진되었다. 1998년부터 48기의 저궤도위성을 1,414킬로미터 고도에 쏘아 올려 1999년에 본격 서비스를 시작했다. 하지만 이리듐 프로젝트와 같은 이유로 가입자 확보에 어려움을 겪었고, 2002년 파산을 신청했다. 2004년에 새로운 투자자에게 인수되어 위성 IoT 사업을 하고 있다.

이 밖에 텔레데식^{Teledesic} 프로젝트는 1990년대 초 빌 게이츠와 맥코우 셀룰러 창업자 크레이그 맥코우가 주도해 시작되었다. 저궤도위성 840기를 쏘아 올려 전 세계에 초고속인터넷을 제공하겠다는 계획을 세웠으나, 위성휴대전화와 마찬가지로 지상 초고속인터넷 사업이 빠르게 확장되면서 사업 추진에 어려움을 겪었다. 결국 2002년에 프로젝트를 중단했다.

ICO 프로젝트는 1995년 인말샛이 추진했다. 12기의 중궤도위성을 통해 전 세계에 휴대전화와 데이터통신을 제공하고자 했다. 그러나 재정적 어려움, 기술적 문제 등으로 위성 발사가 지연되고, 이리듐, 글로벌스타, 지상 이동통신 사업자와의 경쟁에 어려움을 겪으면서 1999년 파산을 신청했다.

미국과 경쟁하는 유럽의 글로벌 위성사업자

유텔샛Eutelsat과 SESSociété Européenne des Satellite는 유럽의 상용 위성통신 사업자로 쏘아 올린 위성이 많아서 전 세계적 커버리지를 가지고 있다.

1977년 프랑스 파리에서 공기업 형태로 설립된 유텔샛은 유럽 각국이 공동으로 위성통신 서비스를 개발하여 이용하도록 하고 있다. 1983년에 첫 위성을 발사했으며, 지속적으로 최신 위성을 발사해 2024년에는 36기 이상의 정지궤도위성을 운용하고 있다. 유럽, 중동, 아프리카 지역을 대상으로 방송, 전용회선, 인터넷 서비스를 제공하고 있다. 2001년에 민영화되었고, 2005년에는 유럽 증권시장에 상장되었다(프랑스 정부는 2025년 4월 기준 국영 은행 및 투자

펀드를 통해 약 18퍼센트의 지분을 보유하고 있다). 2021년에는 저궤도 위성통신 기업 원웹과 합병을 발표하고, 다중궤도 위성통신 사업자로 변신하고 있다3.

SES는 1985년 룩셈부르크 정부의 주도 아래 공기업 형태로 설립되었다. 1988년 첫 번째 위성 아스트라 1A를 발사했고, 유럽 지

위성 사업자	2024년 매출액	운용 위성 수	본사 소재지	설립 연도	주요 사업	참고
SES	22억 달러	43기	룩셈부르크	1985년	위성통신 서비스	인텔샛과 합병 진행 중
바이어샛	42억 8,000만 달러	9기	미국	1986년	위성통신 서비스, 관련 장비 제조	합병한 인말샛 매출 포함, 위성 서비스 매출은 30억 달러
인텔샛	21억 달러	48기	미국	1964년	위성통신 서비스	매출액과 위성 수는 인텔샛 단독 추정치
인말샛	16억 2,000만 달러	7기	영국	1979년	위성통신 서비스	매출액은 2023년 말 기준
텔레샛	5억 2,000만 달러	13기	캐나다	1969년	위성통신 서비스	
유텔샛	13억 1,000만 달러	35기	프랑스	1977년	위성통신 서비스	

2024년 말 기준 글로벌 정지궤도 위성사업자 현황과 매출액

회계 연도 기준이 달라서 바이어샛과 유텔샛의 매출은
각각 2024년 3월 말과 6월 말 기준

역을 대상으로 위성방송과 통신서비스를 제공했다. 1990년대에 아스트라 시리즈 가운데 하나인 추가 위성을 발사했으며, 2000년 대에는 GE아메리콤GE Americom(2001년), 뉴 스카이즈New Skies Satellites(2005년) 등을 인수해 사업 및 서비스 지역을 확장했다. 2011년 일부 지분을 투자했던 중궤도위성 기업 O3b를 2016년에 완전히 인수해 정지궤도위성과 중궤도위성을 갖춘 다중궤도 위성통신 사업자가 되었다. 44기 이상의 정지궤도위성, 26기의 중궤도위성을 운용하면서 전 세계에 위성통신 서비스를 제공하고 있다. 1998년 룩셈부르크와 파리 증권거래소에 상장하면서 점진적인 민영화를 추진했다. 이제는 민간기업으로 운영되고 있지만, 지금도 룩셈부르크 정부가 지분의 16.67퍼센트(의결권 기준 33.33퍼센트)을 보유하고 있다. 2024년 인텔샛과 합병을 발표했다.

국가의 자부심이 된 지역 위성통신 사업자

인텔샛, 인말샛, 유텔샛, SES 같은 글로벌 사업자는 20기 이상의 정지궤도위성을 운용하며 전 세계를 커버하는 서비스를 제공한다. 반면 다섯 기 내외의 정지궤도위성을 운용하며 자국이 포함된 일정 지역에서만 서비스를 제공하는 지역 사업자가 있다. 아시아 지역에는 케이티샛KTsat(한국), 제이샛Jsat(일본), 타이콤Thaicom(태국), 미아샛Measat(말레이시아), ABS(홍콩) 등이 있다. 아메리카 지역에는 바이어샛(미국), 텔레샛(캐나다)이 북미, 남미, 유럽 중심의 커버리지를 갖고 있다. 유럽과 중동 지역에는 히스파샛Hispasat(스페인), 아랍샛Arabsat(사우디아라비아), 야샛Yasat(아랍에미리트), 터크샛Turksat(튀르키예), 스페이스콤Spacecom(이스라엘) 등이 있다.

중국의 상용 위성통신 사업자로는 차이나샛Chinasat, 아시아샛Asiasat이 있다. 차이나샛은 15기 이상의 정지궤도위성을 운용하며 글로벌 커버리지를 가지고 방송, 데이터, 인터넷 서비스를 제공한다. 아시아샛은 홍콩에 소재지를 두고 있으며, 다섯 기의 정지궤도위성으로 아시아 지역을 커버하고 서비스한다. 러시아에서는 RSCC가 열 기 이상의 정지궤도위성을 운용하며 전 세계적인 커버리지를 갖고 있다. 천연가스와 석유 등을 시추, 판매하는 에너지 그룹인 가즈프롬Gazprom의 자회사인 가즈프롬 스페이스 시스템스 Gazprom Space Systems는 다섯 기의 야말 시리즈 정지궤도위성을 통해 유럽, CIS(독립국가연합) 회원국, 아시아 국가에 서비스를 제공하고 있다.

선원에게 꼭 필요한 해양 위성통신 서비스

지상에서처럼 기지국을 세울 수 없는 바다 한가운데를 항해하는 선박에 위성통신은 꼭 필요한 통신수단이다. 일반적으로 해안에서 20~30킬로미터를 벗어나면 지상의 이동통신 서비스를 이용하기 어렵다. 연근해나 원양에서 어업을 하는 어선, 이웃 국가 사이를 운항하는 여객선, 대양을 가로지르는 컨테이너선이나 화물선 등은 안전한 항해와 소통을 위해 위성통신이 필수다.

선박들은 선박용 VSAT 안테나를 배에 장착해 복지 차원에서 선원들에게 인터넷 서비스를 제공해왔다. 이때부터 선원들의 삶에 혁명적인 변화가 생겼다. 이전에는 한 번 항해를 떠나면 가족들과 소통을 할 수 없다 보니 여러 문제가 발생했다. 지금은 지상에 있는 것처럼 화상통화, SNS 등을 통해 언제든지 가족과 연락할 수 있고, 심지어 금융거래도 할 수 있다. 인터넷을 제공하지 않는 장거리 항해 선박에는 선원들이 승선을 꺼리거나 선사에서 충분한 규모의 선원을 모집하지 못하는 경우도 생긴다.

1979년에 설립된 인말샛은 자체 위성을 운용하면서 바다를 항행하는 선박에 통신서비스를 제공해왔다. 자기 소유의 위성은 없지만, 다른 위성사업자들의 위성 용량을 임차해 글로벌 커버리지를 구성한 뒤 선박에 위성통신 서비스를 제공하는 사업자들이 있다. 마링크Marlink, 스피드캐스트Speedcast, KVH 등이 대표적인 글로벌 해양 위성통신 사업자다.

마링크는 1940년대에 노르웨이의 통신사업자인 텔레노어Telenor의 해양 통신 사업 부문에서 출발했다. 2002년 글로벌 커버리지를 구성하고 본격적인 해양 위성통신 서비스를 제공하기 시작했다. 2016년에는 사모펀드 APAX에 인수되었고, 지속적으로 성장해오면서 현재까지 해양 위성통신 업계 1위를 유지하고 있다.

스피드캐스트는 1999년 홍콩에서 설립되었다. 2010년부터 많은 위성서비스 기업을 인수합병하면서 서비스 커버리지와 기업 규모를 크게 확장했다. 2020년에 재무 상태가 악화되면서 파산보호 신청까지 했으나, 이후 재무 안정성을 확보하면서 지금은 마링크와 경쟁 구도를 형성하고 있다.

KVH는 1982년 미국에서 해양통신 시스템을 개발하고자 설립되었다. 2010년대에는 직접 개발한 여러 시스템을 활용하면서 위성통신 서비스를 제공하기 시작했다.

이 밖에 지역 위성사업자(케이티샛, 제이샛, 타이콤 등)도 로밍으로 글로벌 커버리지를 구성하고 있어 해양 위성통신 서비스를 제공한다.

스타링크, 원웹과 같은 저궤도 위성사업자의 출현은 해양 위성통신 시장에 매우 큰 변화를 가져오고 있다. 저궤도 위성사업자는 전 세계를 커버하는 위성 빔(위성에서 지상으로 전파를 송출하는 지역적 커버리지나 영역)을 가지고 있고, 이용자에게 제공하는 데이터 용량이 매우 크다. 정지궤도위성을 사용하는 기존의 해양 VSAT 서비스는 VSAT 안테나 하나로 선박에 제공하는 용량이 1~4메가비트 퍼 세컨드Mbps 정도다. 저궤도위성은 훨씬 빠른 10메가비트 퍼 세컨드 이상의 속도를 제공한다. 하지만 통신서비스의 품질 면에서는 저궤도위성보다 정지궤도위성을 이용하는 것이 안정적이다. 그래서 해양에서 인터넷을 이용하는 선박의 경우 업무용 통신은 정지궤도위성을 이용한 해양 VSAT 서비스를, 선원 복지용 인터넷은 저궤도위성 서비스를 이용하고 싶어 한다.

비행기에서도 인터넷을 쓸 수 있는
IFC 서비스

항공기를 대상으로 제공하는 서비스를 IFC In-Flight Connectivity 서비스라고 한다. 항공기에 장착된 위성안테나로 위성에서 신호를 받아 기내에서 와이파이 신호로 송출해줌으로써 승객이 인터넷 서비스를 이용할 수 있다. 국내선과 국제선 항공사가 주요 고객이며, 개인 제트기 또한 중요한 고객이다.

IFC 서비스는 북미 지역이 매우 큰 시장이라서 글로벌 시장점유율을 살펴보면 미국의 인텔샛과 바이어샛이 가장 큰 사업자다. 파나소닉Panasonic, 고고GoGo, 아누부Anuvu 등은 위성을 소유하거나 운용하지 않지만, 해양 위성통신 서비스 사업자와 같이 위성통신 사업자에게 통신용량을 임차하여 글로벌 커버리지를 구성해

서비스한다. 이들은 모두 정지궤도위성을 이용한다.

스페이스X의 스타링크는 저궤도위성을 통해 IFC 사업에 적극 진출하고 있다. 2025년 초 기준으로 스타링크는 유나이티드 항공, 에어 프랑스, 카타르 항공 등 전 세계 주요 항공사와 IFC 제공 계약을 체결했다. 이들은 이미 바이어샛, 인텔샛, 파나소닉 등으로부터 IFC 서비스를 제공받고 있었다. 하와이언 항공과 카타르 항공은 각각 2024년 2월과 10월에 스타링크 서비스를 탑승객에게 무료 제공하고 있다. 앞으로 아마존의 카이퍼도 서비스를 시작하면 IFC 사업에 조기 진출할 것으로 예상된다.

항공기에서 위성통신 서비스를 이용하려면 항공기에 선박처럼 VSAT 안테나 혹은 전자식 평판안테나를 장착해야 한다. 이동하는 운송수단을 대상으로 위성통신을 제공한다는 점은 동일하지만, 해양 위성통신 서비스와 IFC 서비스는 비즈니스 운영에서 커다란 차이가 있다.

첫째 IFC 서비스를 제공하려면 항공기에 VSAT 안테나를 장착해야 하는데, 과정이 매우 엄격하고 오랜 시간이 걸리는 감항인증 과정을 거쳐야 한다. 감항인증airworthiness certificate이란 항공기가 항공 안전 기준을 충족하고 안전하게 운항할 수 있다는 것을 증명하는 인증서다. 나라마다 항공 관련 정부기관에서 항공기의 설계, 제작, 유지 보수, 운영 등을 평가해서 발급한다. 항공기 안전과 밀접하게 관련되므로 인증 과정이 매우 까다로워서 서비스 준비에 시간이 많이 소요된다. 반면 선박은 VSAT 안테나를 하루 안에 장착할 수 있다. 선박은 항공기보다 규모와 공간이 커서 안테나를 장착한다고 해도 선박의 안전 운항에 미치는 영향력이 아주 작기 때문이다.

둘째 선박은 바다 위를 항해하지만 항공기는 바다와 육지 위를 운행한다. 선박이 항구에서 위성통신을 이용하려면 특정 국가의 허가를 받아야 하지만, 공해상에 있을 때는 허가를 받지 않아도 된다. 그러나 항공기는 특정 국가의 영토 위를 날아가는 도중에 위성인터넷을 사용하려면 비행 중인 국가의 사용 허가를 받아야 한다. 많은 국제선 항공기가 북극항로를 이용할 때는 반드시 러시아와 중국의 영토 위를 지나게 된다. 따라서 IFC 서비스에 사용되는 위성사업자의 빔이 사용 허가를 얻지 못하면, 비행 도중에 서비스가 중단되기도 한다.

셋째 비즈니스 모델이 다르다. 해양 위성통신 서비스는 B2B Business-to-Business사업이고, 항공기 IFC 서비스는 B2CBusiness-to-Customer 사업에 가깝다. 다시 말해 해양 위성통신 서비스는 선주나 선사에게 서비스를 제공하고 요금을 받지만, IFC 서비스는 항공사가 아니라 항공기 탑승객을 대상으로 서비스를 제공하고 개인에게 요금을 받아왔다. 이런 비즈니스 모델은 충분한 고객을 확보하기 어려웠고 기존 IFC 사업자들의 적자 원인이었다. 그런데 스타링크 같은 저궤도 위성사업자는 위성통신 용량만 항공사에 제공하고, 항공사가 탑승객에게 무료 와이파이를 제공하는 비즈니스 모델을 적용하고 있다. 앞으로는 기내 와이파이도 기내 영화처럼 항공사가 무료로 제공하는 서비스가 될 전망이다.

넷째 서비스 기간이 크게 다르다. 해양 위성통신 서비스는 보통 연 단위 계약을 하고 실제로 운항하는 선박도 한 번 출항하면 몇 개월을 바다에서 운항한다. IFC 서비스는 국제선의 경우 탑승객에게 1회에 최대 15시간가량 서비스를 제공한다.

위성통신 사업자와 고객

　현재 글로벌 위성통신 시장에 대해 사업자와 고객을 기준으로 나누면 다음과 같다. 위성통신 운용 사업자는 운용하는 위성 수 혹은 서비스 지역의 범위에 따라 글로벌 사업자와 지역 사업자로 분류할 수 있다. SES, 인텔샛, 유텔샛 및 비정지궤도 사업자는 글로벌 사업자고, 히스파샛, 터크샛, 미아샛, 타이콤, 케이티샛, 제이샛 등은 대표적 지역 사업자다.

　위성을 소유하고 운용하는 위성사업자는 기본적으로 고객에게 통신용량을 임대하는 서비스를 제공한다. 지상의 전용회선 서비스와 유사하다. 기존의 Ku 밴드(Ka 밴드와 함께 위성통신, 위성방송에 이용되는 주파수대역) 아날로그 정지궤도위성 한 기는 보통 33메가헤르츠MHz나 54메가헤르츠 단위의 중계기를 30개 이상 운용한다. 중계기마다 특정 지역을 지향하고 해당 지역에 서비스한다4. 주파수를 변조하는 방식에 따라 차이가 나지만, 일반적으로 메가헤르츠당 2.5메가비트 퍼 세컨드의 데이터를 전송할 수 있다. 54메가헤르츠 중계기를 30개 이상 운용하는 정지궤도위성은 총 4기가비트 퍼 세컨드의 통신용량을 서비스할 수 있다. 최근 상용화된 디지털 고용량위성HTS, High Throughput Satellite은 Ka 밴드를 사용하고, 다수의 소규모 빔을 이용한 주파수 재활용으로 100기가비트 퍼 세컨드 이상의 용량을 서비스할 수 있다. 서비스 가능한 통신용량은 얼마나 많은 주파수를 등록하고 확보하느냐와 위성의 디지털화를 통한 멀티빔 기술에 달려 있다.

위성 운용 사업자의 고객은 두 부류다. 위성 운용 사업자로부터 위성통신 용량을 구매해 사용하는 최종 고객이 있다. 군, 정부기관, 다국적기업이 대표적이다. 또 다른 고객은 위성서비스 사업자다. 위성방송 사업자, 해양 위성통신 사업자, IFC 사업자, VSAT 사업자 등이다. 이들은 위성 운용 사업자로부터 통신용량을 임차해 서비스를 패키지로 만들어 최종 고객에게 판매한다. 방송사업자는 위성통신과 방송(콘텐츠)을, 해양과 IFC는 위성통신과 선박이나 항공에서 필요한 서비스를, VSAT 사업자는 위성통신 용량과 기타 보안, 소프트웨어를 패키지로 서비스한다. 위성 운용 사업자가 서비스 사업자를 겸하는 경우도 많다.

3장

게임 체인저,
저궤도 위성통신

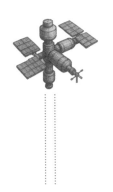

정지궤도의 단점을 극복하려는
비정지궤도 위성

정지궤도 통신위성은 적도 상공 3만 5,786킬로미터에서 지구 자전과 같은 방향, 같은 궤도주기로 운행한다. 지구에서 보면 이 위성은 항상 고정 장소에 있으므로 지상안테나로 위성을 추적하지 않아도 되니 24시간 내내 안정적으로 통신할 수 있다. 하지만 두 개 이상의 전파가 서로 겹치거나 간섭하는 혼간섭 문제로 인해 정지궤도에 위치할 수 있는 통신위성의 수가 제한적이고 통신용량도 한계가 있다. 무엇보다 약 3만 6,000킬로미터에 이르는 거리 때문에 통신 지연이 커서 음성통화나 게임 같은 고속 양방향 데이터 통신을 하기 어렵다. 그래서 정지궤도 위성통신의 단점을 극복하기 위해 중궤도, 저궤도 비정지궤도 통신위성을 활용하는 아이디

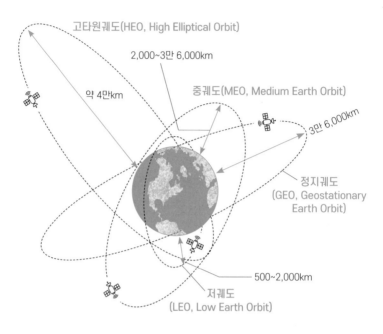

고타원궤도(HEO, High Elliptical Orbit)

2,000~3만 6,000km

중궤도(MEO, Medium Earth Orbit)

약 4만km

3만 6,000km

정지궤도
(GEO, Geostationary
Earth Orbit)

500~2,000km

저궤도
(LEO, Low Earth Orbit)

고도에 따른 위성궤도

어가 나왔다.

O3b는 미국인 기업가 그레그 와일러가 2007년에 설립했다. O3b는 Other 3 billion을 뜻하며, 지구상에서 인터넷을 사용하지 못하는 개발도상국과 원격지(멀리 떨어져 있는 지역)의 30억 명에게 인터넷을 제공하겠다는 원대한 비전을 담고 있다. 초기 투자자는 구글, 리버티 글로벌Liberty Global, SES다. 2013년 처음으로 네 기의 중궤도위성을 발사했다. 고도 약 8,000킬로미터 상공의 중궤도위

성은 저궤도위성보다 적은 위성으로 전 지구를 커버할 수 있다는 장점이 있다. 정지궤도보다 가까운 거리에 있으므로 통신 지연 속도는 정지궤도보다 훨씬 우수하다. 2014년까지 총 12기의 O3b 중궤도위성을 발사했고 주로 아프리카, 라틴아메리카, 아시아 지역에 위성인터넷 서비스를 제공했다. 2016년에는 초기 투자자로 참여했던 SES가 지분을 100퍼센트 인수하여 자사의 기존 정지궤도위성망 네트워크에 O3b의 중궤도위성군을 추가했다[1]. O3b 위성군은 예비 위성을 포함해 현재 20기를 운용하고 있으며, SES는 장기적으로 O3b를 대체할 고성능 중궤도위성군인 엠파워mPower를 만들 계획이다. 2023년과 2024년에 여섯 기의 위성을 발사했고, 향후 추가 발사해 13기의 위성군으로 서비스할 예정이다.

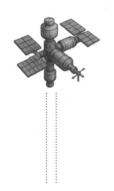

장점과 단점을 고루 가진 저궤도 위성통신

O3b처럼 고도 8,000킬로미터의 중궤도위성보다 더 낮은 고도의 위성을 이용하는 저궤도 위성통신은 이전에도 존재했다. 1990년대 이리듐, 글로벌스타 같은 위성휴대전화 프로젝트, 텔레데식 같은 위성인터넷 프로젝트다. 이 프로젝트들은 상업적으로 실패하면서 철회됐다. 그런데 디지털화로 대변되는 위성 기술과 재활용이 가능한 로켓 기술의 발전 덕분에 비용을 줄일 수 있게 되면서 저궤도위성의 상업적 성공 가능성이 다시 부각되었다.

지구 저궤도는 고도 500킬로미터에서 2,000킬로미터의 공간을 가리킨다. 정지궤도와 다르게 위성이 자신의 궤도를 유지하려면 더 빠른 속도로 움직여야 한다. 또한 많은 수의 저궤도위성이 군집을 이루어 궤도를 일정하게 이동해야만 지구상의 일정 지점에서 최소 한 기 이상의 저궤도위성을 통해 24시간 통신할 수 있다. 남극이나 북극을 커버하는 극궤도가 아닌 북반부 혹은 남반부의 모든 지역(위도로 보면 남북 각각 약 60도 이내의 지역)에서 24시간 통신을 하기 위해서는 약 200기 이상의 저궤도위성이 군집을 이루어야 한다. 위성의 고도가 낮으면 더 많이, 높으면 더 적은 수의 위성을 배치할 수 있다.

저궤도 위성통신은 정지궤도 위성통신에 비해 여러 장단점이 있다. 정지궤도 위성통신은 상대적으로 통신 지연 시간이 길며, 약 500밀리초ms(1초의 1,000분의 1)의 지연 시간이 발생한다. 반면 저궤도 위성통신의 평균 지연 시간은 25~60밀리초이며, 원격지는 100밀리초가 소요되기도 한다. 즉 통신 지연 시간이 정지궤도 위성통신보다 약 5분의 1 이하로 짧아서 지상 이동통신처럼 금융거래, 게임, 화상통화 같은 저지연 서비스를 제공할 수 있다. 지상 이동통신은 5G의 경우 이론적으로는 1밀리초이지만 실제로는 10밀리초 내외의 지연이 발생한다. 4G LTE의 지연 시간은 30~50밀리초 정도다. 일반적으로 음성(화상)통화는 150밀리초 이하에서, 온라인게임은 100밀리초 이하의 지연 시간 환경에서 사용해야 불편함을 느끼지 않는다. 따라서 사용자가 위성통신 서비스를 선택할 때 지연 시간을 확인하면 좋다. 화상통화나 온라인게임은 이용하지 않고 스트리밍, 데이터통신, 인터넷 검색 등만 할 경우에는 정지궤도 위성통신도 문제없기 때문이다.

저궤도 위성통신은 전파 온오프 혹은 전파 입사각 조정 등 다양한 방법으로 전파의 혼간섭을 회피할 수 있다. 정지궤도위성에 비해 위성과의 거리가 짧아서 단말의 전파 출력 요구가 낮아지므로 지상에서 쓰는 단말 크기를 소형화할 수 있다는 장점도 있다. 위성통신 사용자 입장에서는 효용성이 꽤 큰 장점이다. 또 저궤도 위성 하나로 빔 한 개나 세분화된 빔을 더 많이 만들 수 있기 때문에 주파수를 재사용하여 고용량 통신을 제공할 수 있다.

반면 저궤도 위성통신은 대규모 투자비가 소요된다는 점과 전파 사용의 효율성이 떨어진다는 단점이 있다. 저궤도 위성통신은 한 지역이나 국가에서 24시간 끊김 없이 통신을 사용하려면 수백 개의 위성군으로 구성된 전 세계적 네트워크를 구성해야 한다. 표준화된 같은 위성을 제작하므로 단가는 낮지만 위성 수가 많고, 이를 궤도상에 올리는 발사 비용이 많이 들어간다. 더욱이 개별 위성의 빔 커버리지가 정지궤도위성보다 현저히 작아서 더 많은 게이트웨이(위성 신호를 지상 통신망과 연결하는 설비) 지상국이 필요하므로 투자 비용도 올라간다[2, 3].

지구의 약 70퍼센트는 물(주로 바다), 30퍼센트는 육지로 구성되어 있다. 통신 수요가 많은 곳은 30퍼센트의 육지 가운데 극히 일부분을 차지하는 도시 지역이다. 도시는 육지 면적의 1~3퍼센트에 불과해 도시 지역을 지구 전체 면적으로 환산하면 많아야 약 1퍼센트 수준이다. 따라서 저궤도위성이 지상에 보내는 전파의 99퍼센트는 적절한 사용자를 찾기 어렵다. 전파를 낭비한다고 볼 수도 있다. 물론 외진 시골 지역의 주민, 하늘을 나는 여객 항공기, 바다 위 많은 선박은 도시 지역 밖을 커버하는 99퍼센트 위성통신 전파의 주요 고객이다. 도시 지역은 육상의 유선통신 사업자, 이동통신 사업자의 저렴한 초고속인터넷 통신을 이용하고 있기 때문에 저궤도 위성통신의 고객이 되기 어렵다. 이런 이유로 초기에는 저궤도 위성통신은 경제성 측면에서 활성화되기 어렵다는 인식이 무척 팽배했다. 정지궤도위성의 통신용량이면 도시 이외 지역에 필요한 통신 수요에 맞춰 충분히 공급할 수 있다고 생각했다.

저궤도 위성통신의 단점 가운데 경제성과 무관한 것들도 있다. 먼저 수십 개의 위성이 동일 궤도에서 낮게 운용되다 보니 밤에는 위성 태양전지판의 밝은 불빛을 육안으로 관측할 수 있다. 천문학자들은 저궤도위성에서 반사되는 빛이 천문 연구에 커다란 장애 요인이라고 지적한다.

위성의 짧은 수명도 문제다. 5년 내외 주기로 위성을 교체할 때 폐기되는 위성은 지구상으로 추락시키면서 자연연소가 되도록 한다. 이 과정에서 예기치 못한 파편이 생겨 지면에 떨어질 수 있다. 또 저궤도에 존재하는 많은 파편이 운용 중인 저궤도위성과 충돌하면 대규모의 연쇄 충돌이 발생해 큰 위성 파편군이 생겨날 수 있는데, 이를 케슬러 증후군kessler syndrome이라고 한다. 지구 저궤도의 우주쓰레기 문제는 전 세계적인 관심과 관여가 필요하다.

마지막으로 한정된 주파수 자원을 어떻게 배분하느냐도 문제다. 여러 사업자가 저궤도위성이 사용하는 궤도와 주파수 자원을 국제전기통신연합International Telegraph Union(이하 ITU)에 신청하기 때문에 먼저 신청한 사업자에게 과도한 자원이 배분되는 문제가 발생한다. 미국 연방통신위원회Federal Communications Commission(이하 FCC)는 이런 문제를 해결하기 위해 미국 내에서는 저궤도 위성사업자들이 주파수 자원을 공유하도록 유도한다.

저궤도위성의 필수 장비, 레이저통신

레이저통신은 저궤도 통신위성 간 데이터통신이나 저궤도 관측위성의 데이터를 지상과 정지궤도 통신위성으로 전송할 때 사용한다. 지상에서 광섬유케이블로 광통신을 하면 아주 큰 대역폭의 데이터를 전송할 수 있다. 우주공간에서도 레이저로 광통신을 하면 전파를 이용한 무선통신보다 굉장히 용량이 큰 데이터를 전송할 수 있다. 다만 위성이 매우 빠른 속도로 이동하고 있기 때문에 두 기 이상의 위성 사이에 레이저 장비의 포인트, 즉 초점을 맞추려면 고도의 기술이 필요하다. 또 지상과 레이저통신을 하는 경우 레이저가 대기 중 구름, 비, 안개 등을 통과하면서 산란, 흡수되고, 태양 빛과 간섭을 일으키는 문제를 해결해야 한다. 게다가 레이저 기기는 고출력을 쓰므로 많은 전력이 필요하고, 위성의 한정된 전력 자원을 생각하면 효율적인 위성 디자인에 들어가는 비용도 고려해야 한다.

현재 스페이스X의 2세대 스타링크 위성에는 레이저통신 장비가 탑재되어 위성 간 레이저통신을 하고 있다. 저궤도 통신위성 간에 레이저통신을 하면 지상에 구축해야 하는 게이트웨이의 수를 줄여서 투자 비용을 절감할 수 있으며, 국제 전용회선 서비스를 할 수 있다. 해저케이블로 전 세계적 전용회선망을 구축한 것처럼 레이저통신을 통해 우주에 글로벌 전용회선 네트워크를 갖추는 것이다. 지구 저궤도에서 운용하는 관측위성은 많은 양의 데이터를 촬영할 수 있지만, 이를 지상으로 내려보내는 수단은 전파 전송에 한계가 있다. 이때 레이저통신을 활용하면 많은 양의 데이터를 지상으로 보낼 수 있다. 정지궤도 통신위성에 레이저통신으로 촬영한 데이터를 전송하고, 정지궤도 통신위성은 전파로 데이터를 지상국에 전송하면 실시간에 가까운 영상을 확보할 수 있다.

저궤도 위성통신 사업의 선구자, 스페이스X

스페이스X는 2020년 스타링크를 베타 출시하면서 저궤도 위성통신에 대한 시장의 부정적 인식에 정면 도전했다. 스타링크의 첫 번째 위성군 60기는 2019년 팰컨 9을 이용해 발사되었다. 로켓을 재활용하고, 한 번에 60기 정도의 위성을 발사하는 방법 덕분에 발사 비용이 크게 절감되었다[4]. 스페이스X는 저궤도 통신 위성체까지 자체 제작하여 제조 단가를 크게 낮추었다. 또 위성의 수명을 5년 내외로 설정해 고가 부품으로 오래 사용하기보다 저가 부품으로 단기간 사용하다가 폐기하고 새로운 위성을 발사해 교체한다[5]. 이는 위성 네트워크의 투자 비용을 최소화하기 위한 방법들이다. 2024년 말 기준 스타링크는 고도 550킬로미터에

6,800기 이상의 저궤도위성을 운용하면서 118개국 이상 460만 명에게 서비스하고 있다. 매출액은 2024년 기준 82억 달러로 추정된다.

스타링크의 성공 이후 저궤도 위성통신 사업에 전 세계 여러 기업이 뛰어들었다. 유럽의 원웹, 미국 아마존의 카이퍼, 캐나다의

기업/ 국가	스페이스 X/미국	유텔샛/ 유럽	아마존/ 미국	텔레샛/ 캐나다	EU/ 유럽	SSST/ 중국
LEO 시스템	스타링크	원웹	카이퍼	라이트 스피드	IRIS[2]	G60
목표 위성 수(최종/ 1차)	4만 2,000기/ 1만 2,000기	2,648기 /648기	3,236기	298기	282기	1만 2,000기 /648기
운용 위성 수 (2024년 말 기준)	6,800기	648기	2기	0	0	54기
글로벌 서비스 시작일	2020년 8월	2023년 8월	2025년	2027년 말	2030년	2025년
초기 운용 고도	550km	1,200km	590 ~630km	1,000km	1,200km	1,160km
주파수 대역	Ku, Ka	Ku, Ka	Ku, Ka	Ka	L, Ku, Ka	Ka, Q, V
위성 제조업체	자체 제작	에어버스 (유럽)	자체 제작	MDA (캐나다)	유럽 기업 컨소시엄	자체 제작

2024년 말 기준 글로벌 저궤도 위성통신 사업자 현황

텔레샛 등이 대표적이다. 국가 차원에서는 유럽 EU가 IRIS 프로젝트(264기의 저궤도와 18기의 중궤도위성군)를, 중국이 GW^{GuoWang} 프로젝트(1만 3,000기의 저궤도위성군)와 G60 프로젝트(1만 2,000기의 저궤도위성군)를6, 러시아가 SPHERE 프로젝트(약 600기의 저궤도위성군)를 계획하고 있다.

원웹은 O3b를 설립한 그레그 와일러가 2012년에 설립했다. 2019년 첫 번째로 위성 여섯 기를 발사했으나 재정적인 어려움으로 2020년에 파산을 신청했고, 영국 정부와 인도 통신기업 바티 Bharti 등 투자자에게 인수되었다7. 이후 지속적으로 위성을 발사해 2023년 말에는 고도 1,200킬로미터에 약 640기의 위성으로 글로벌 네트워크를 갖추었다. 또한 2023년 10월에 유럽의 정지궤도 위성사업자 유텔샛과의 합병을 완료했다.

카이퍼와 텔레샛은 아직 위성을 본격적으로 궤도에 올리지 못하고 있다. 카이퍼는 고도 590~630킬로미터에 3,236기의 저궤도위성군을 계획하고 있으며, 시험 위성 두 기를 2023년 10월에 발사했고, 2025년 4월 말에 위성 27기를 성공적으로 운용 궤도에 안착시켰다. 텔레샛의 라이트스피드 Lightspeed 프로젝트는 고도 1,000킬로미터에 298기의 저궤도위성군을 갖추는 것을 목표로 한다. 2025년 말에 최초 위성을 발사하고, 2026년 본격적으로 위성을 발사하기 시작해 2027년까지 상용 서비스를 제공하겠다는 계획을 세웠다.

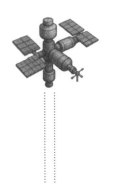

일반 스마트폰으로 위성과 직접 연결하는 D2D 서비스

　　최근 저궤도 통신위성과 일반 스마트폰과의 직접 통신서비스가 주목받고 있다. D2D Direct to Device 혹은 D2C, Direct to Cell 서비스다. D2D 서비스의 핵심은 별도의 위성전화가 아닌, 지상에서 이동통신용으로 사용하는 일반 휴대전화에서 위성신호를 송수신해 통신할 수 있다는 것이다.

　　애플은 2022년 11월 기존의 자사 휴대전화와 다른 모뎀 칩을 장착한 아이폰 14에서 L 밴드(1~2기가헤르츠) 신호를 송수신하여 비상 상황에서 SMS 문자를 보낼 수 있도록 했다. 초기에는 2년간 무료 사용할 수 있도록 하고, 아이폰 14 사용자는 1년간 무료 사용 기간을 연장했다. 위성신호는 글로벌스타 위성을 이용하며, 전

체 네트워크 용량의 85퍼센트를 애플 사용자 용도로 할당했다. 이로써 애플의 휴대전화는 서비스가 제공되는 국가라면 지상 기지국이 없는 사막, 산악, 원격지에서도 긴급문자를 보낼 수 있게 되었다. 단 L 밴드의 특성상 데이터 용량이 큰 음성통화는 전체 네트워크에 부담을 주므로 허용하지 않고 있다. 그래서 애플의 휴대전화 직접 통신은 비상 상황이 생겼을 때 문자만 송수신할 수 있다. 예외적으로 스페이스X와 D2D 파트너십을 맺은 T-모바일의 아이폰 고객을 위해 스페이스X 서비스를 수용하기 위한 협력관계를 맺고 있다.

통신용량의 한계로 L 밴드로는 음성통화와 데이터통신을 하기 어렵다. 2022년 8월 스페이스X와 미국의 이동통신사업자 T-모바일T-mobile은 위성을 이용한 휴대전화 직접 서비스에 대한 파트너십을 체결했다. 파트너십의 주요 내용은 T-모바일이 지상의 5G 주파수대역 일부를 스페이스X의 스타링크가 사용해 문자, 음성, 데이터를 서비스하겠다는 것이다. 스페이스X는 2세대 위성을 발사해야만 이 같은 서비스를 제공할 수 있다. 스페이스X가 다른 국가의 5G 이동통신 사업자와 협력해 대역 일부를 사용한다면, 해당 국가에서는 더 이상 전파 음영 지역이 없어지게 된다. 각국의 이동전화 사업자들이 전파 음영 지역을 어느 정도 커버할지, 스페이스X에게 얼마나 5G 주파수대역을 허용할지, 스페이스X에게 서비스 대가를 얼마나 줄지 등이 사업 성공의 중요 변수다.

이 밖에 세계 여러 기업에서 비슷한 형태의 D2D 서비스를 제공하고 있거나 제공할 계획을 가지고 있다. 중국의 화웨이Huawei도 자사의 휴대전화에서 중국의 베이더우 항법위성을 통해 긴급 문자메시지를 전송하는 서비스를 제공한다. 미국의 AST 스페이스모바일AST SpaceMobile은 미국의 통신사업자 AT&T와 협력해 700메가헤르츠와 850메가헤르츠 대역을 임대하고, 문자, 음성, 데이터 서비스를 제공할 계획이다. 시험 위성인 블루워커 3를 통해 하와이 지역에서 일반 휴대전화로 10메가비트 퍼 세컨드의 다운로드 속도를 달성하기도 했다. 유럽의 보다폰Vodafone과 협력해 2025년 말부터 유럽에서 상용화할 계획이다.

2017년 설립된 미국의 링크 글로벌Lynk Global도 AST 스페이스 모바일과 비슷하게 지상의 LTE 주파수 대역을 임대해 위성휴대전화 직접 서비스를 제공할 계획이다. 뉴질랜드의 통신사 스파크 뉴질랜드Spark New Zealand 및 인근 도서 국가의 통신사업자 보다폰 쿡아일랜드Vodafone Cook Islands, B모바일 솔로몬아일랜드Bmobile Solomon Islands 등과 파트너십을 맺고 있다. 튀르키예의 터크셀Turkcell, 포르투갈의 미오MEO 등 이동통신 사업자와도 테스트 및 협력관계를 맺고 있다.

4장

주파수, 우주 환경, 하드웨어 그리고 위성통신

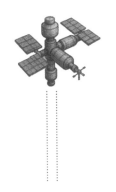

주파수 사용 허가는 받으셨나요

모든 국가의 행정 당국은 자국에서 사용되는 전파의 사용을 엄격하게 관리한다. 전파 자원이 한정되어 있기도 하지만, 임의로 특정 주파수대역을 사용하면 동일 대역을 사용하는 다른 사용자와 혼신이 생겨 통신을 할 수 없기 때문이다. 휴대전화, 무전기, 무선 라우터 등과 같이 무선으로 송수신을 하는 기기에 관해 정부는 사용 허가를 발급하고, 허가 없이 사용하는 사례는 법으로 제재하고 있다.

지상에서 사용하는 무선 송수신 장비와 우주공간에서 전파를 발사하는 위성 전파는 다른 방법으로 규제한다. 위성통신 사업자는 사용 주파수대역, 전파의 빔 커버리지, 전파의 세기 등 위성 전파를 자국 정부를 통해 ITU에 미리 등록한다. ITU는 등록 정보를 바탕으로 혼신을 일으킬 가능성이 있는 위성사업자와 해당 국가를 파악한 다음 서로 문제의 타협점을 찾아 합의하도록 한다. 만약 먼저 등록한 위성사업자가 특정 주파수대역, 지역에서의 혼신을 이유로 양보하지 않으면, 나중에 등록한 위성사업자는 해당 주파수 자원을 사용할 수 없다.

위성사업자가 ITU로부터 특정 주파수대역의 승인을 받아도 실제로 지상에서 사용하려면 해당 국가 정부로부터 주파수 사용 허가를 받아야 한다. 해당 국가 정부는 지상에서 사용하는 무선 기기와 혼간섭은 없는지, 자국의 전파 사용에 관한 법률에 위배되지 않는지 등을 판단해 허가 여부를 결정한다. 위성사업자나 현지 사용자가 현지 정부로부터 사용 허가를 받지 못하면 위성의 해당 용량은 상당 기간 무용지물이 되기도 한다. 사용 허가를 받지 않았는데 해당 지역에서 위성안테나, 장비를 사용하면 법적 제재를 당한다. 따라서 위성통신 장비를 해외에 가져가는 사람은 해당 위성 장비가 사용하려는 국가에서 적법한 사용 허가를 받았는지 반드시 체크해야 한다. 입국심사를 할 때 위성 기기 반입을 확인하는 국가도 있다. 특히 인터넷이나 정보를 강하게 통제하는 국가에 입국할 때는 더욱 조심해야 한다. 사용 허가를 전혀 생각하지 못하고 사용했다가 현지 법 위반으로 큰 곤경에 빠질 수 있다.

더 일찍 더 많이 등록해야 한다

정지궤도위성, 중궤도위성, 저궤도위성 모두 일정 거리의 지구 상공을 특정 방향으로 회전운동한다. 다시 말해 일정한 궤도를 가진다. 그리고 통신수단으로서 특정 주파수대역의 전파를 사용한다. 위성통신에서 사용하는 궤도와 주파수 등을 궤도 자원이라고 한다.

우주공간에서 사용할 수 있는 궤도 자원은 한정되어 있으므로 위성통신을 하는 주체들은 서로 합의를 통해 자신이 사용할 수 있는 자원을 확보한다. 사용 주체들 사이에 협의와 합의가 없으면 우주공간에서 위성끼리 충돌할 가능성이 있으며, 각자 사용하는 전파 사이에 간섭이 일어나 통신을 할 수 없다. 위성통신 주체들

사이의 합의는 사전에 궤도 자원을 ITU에 등록하는 절차와 사업자 사이의 조정 절차에 따라 이루어진다.

위성통신 사업자는 통신위성을 지구 궤도에 쏘아 올리기 수년 전에 사업자가 속한 해당 국가의 정부를 통해 ITU에 사용 궤도와 주파수 사용 신청을 해야 한다. 궤도 자원의 사용 권한은 일차적으로 해당 국가와 그 정부에 있다. 해당 국가는 자국의 위성통신 사업자와 함께 ITU에 사용 신청, 더 엄밀히 말하면 조정 신청을 등록한다. 궤도 및 주파수 사용을 허가하는 국제적 원칙은 먼저 등록한 국가에 우선권을 주는 것이다. ITU는 사용 신청 내용을 검토하고 전파 간섭을 일으킬 수 있는 위성사업자를 선별해 통보한 다음 이들 사업자와의 조정을 요구한다. 이때부터 7년 내에 조정을 완료하고 위성을 제작해 해당 궤도에 쏘아 올려야 한다. 이를 BIU Bring Into Use라고 한다.

앞의 절차가 순조롭게 이루어지면 해당 궤도에 대한 사용 권한을 갖는다. 만약 7년 내에 사업자 사이의 조정이나 BIU를 마치지 못하면 동일한 궤도 사용 신청을 등록한, 다음 순서에 해당하는 국가에 우선권이 넘어간다. 이 원칙으로 인해 궤도 자원은 위성통신이 일찍부터 활성화된 미국과 유럽 기업의 기득권이 강력하다. ITU 등록을 유지하는 비용이 저렴한 편이라 위성통신 사업자와 해당 국가는 기존의 다른 사업자 궤도에 신청해두기도 한다.

글로벌 위성통신 사업자나 지역 위성통신 사업자는 다른 국가의 정부가 ITU로부터 이미 확보했거나 선순위 등록에 있는 궤도 자원에 대가를 지급하고 사용하기도 한다. 신규 위성사업자나 새롭게 위성을 올리고 싶은 개발도상국가는 위성서비스를 하고 싶어도 등록할 수 있는 공간이 없다. 새로 등록해도 후순위라서 허가받는 데 아주 오랜 시간이 걸린다. 이런 경우 궤도를 선점했거나 선순위 등록을 한 국가와 협의해 일정 대가를 지불하고 빌린 다음 위성을 발사해 서비스한다. 홍콩 위성사업자 ABS는 러시아가 등록한 궤도 자원을 이용해 아프가니스탄에서 서비스했다. 네팔, 인도네시아 정부가 위성을 발사할 때도 프랑스 기업이 등록한 프랑스의 궤도 자원을 이용했다.

동일한 주파수대역을 사용해도 안테나의 지향각 혹은 전파의 입사각이 2도 이상 차이 나면 원칙적으로는 전파 간섭 문제가 없다. ITU가 정지궤도위성의 궤도 위치를 할당할 때 인접한 위성의 사이는 거리상으로 150~300킬로미터인 2~3도 간격을 권장한다. 위성 사이의 물리적 충돌을 피하고 전파 간섭을 방지하기 위해서다. 지상에서 위성통신을 이용할 때 전파 간섭은 매우 중요한 이슈다. 따라서 위성통신 사업자와 해당 국가의 전파 관리 부서는 자국 상공의 정지궤도와 비정지궤도 위성에서 발사되는 전파를 면밀하게 모니터링한다. 또 위성안테나의 지향각, 빔 패턴, 안테나의 이득(송출 전파의 세기), 편파(전파의 진동 방향) 등을 승인한 그대로 사용함으로써 지상에서 전파 혼신을 주지 않도록 강제하고 있다.

한편 저궤도 통신위성은 기존 정지궤도위성과의 전파 간섭, 다른 저궤도 사업자가 운용하는 통신위성과의 전파 간섭이 발생하지 않도록 해야 한다. 이를 위해 전파 지향각을 다르게 하고, 주파수대역을 바꾸거나 전파를 켰다, 껐다 하는 방법 등을 사용한다.

위성통신의 주파수대역이란?

위성통신 주파수는 1970년대부터 1~2기가헤르츠GHz의 L 밴드가 사용되었다. 주로 선박과 항공의 이동통신에 사용되었고, 위성휴대전화도 음성데이터를 L 밴드로 전달했다. GPS 같은 항법시스템도 L 밴드를 사용한다. L 밴드는 상대적으로 파장이 길어서 전파가 나무나 빌딩을 만나면 소멸하지 않고 투과, 반사, 회절하기 때문에 통신이 잘 끊기지 않는다는 장점이 있다. 그래서 상대적으로 소형인 안테나로도 통신할 수 있다. 반면 고주파수 위성통신 대역, 예를 들어 4~8기가헤르츠의 C 밴드, 12~18기가헤르츠의 Ku 밴드보다 대역폭이 작아서 고속 데이터통신을 하기는 어렵다.

C 밴드는 전파의 특성상 넓은 빔 커버리지를 만들 수 있고, 구름이나 강우 등의 영향을 적게 받으며 L 밴드보다 대역폭이 크다. 이런 장점 덕분에 1960년대부터 TV 방송을 중계하는 데 사용되었다. 1970년대부터는 국제전화, 데이터통신에도 C 밴드가 사용되기 시작했는데, 넓은 빔 커버리지를 가지고 있고 날씨의 영향을 덜 받아서 안정적으로 통신할 수 있기 때문이다.

　요즘 지상 이동통신 네트워크는 LTE에서 5G로 진화하고 있다. 5G는 2019년 말 최초로 상용화되었으며, 더 빠른 광대역 통신, 초저지연, 초접속을 장점으로 전 세계에 확산되었다. 그런데 지상 5G 주파수대역은 공교롭게도 위성 주파수 C 밴드와 겹치는 영역 때문에 생기는 전파 간섭이 문제였다. 미국, 영국, 일본, 한국 등 여러 국가에서 5G의 중심 주파수대역으로 3.5~3.7기가헤르츠를 지정했다. 미국은 위성 주파수 C 밴드와의 전파 간섭을 해결하기 위해 2020년에 5G 주파수 경매를 실시했고, 경매 대금으로 C 밴드를 사용하는 위성통신 사업자에게 전파 사용 중단에 대한 대가를 지불했다. 당시 인텔샛과 SES는 각각 37억 달러와 30억 달러를 보상받았다. 5G 이동통신이 전 세계적으로 확산되면서 미국 이외의 지역에서도 C 밴드 위성통신과의 전파 간섭 문제가 발생하고 있다.

　Ku 밴드와 Ka 밴드(27~40기가헤르츠)는 고주파수 대역으로 비가 내리면 신호의 세기가 점점 약해지는 전파 감쇄가 심해서 사용을 꺼려왔다. 하지만 사용할 수 있는 저주파수 대역이 포화 상태가 되고, 1980년대부터 디지털 위성방송을 시작하면서 Ku 밴드를 위성통신에 적극적으로 활용하기 시작했다. 다채널 위성방송과 고속 인터넷 통신을 하려면 대량의 데이터 전송이 필요했기 때문이다. 그러자 1990년대에는 Ku 밴드를 활용한 고속 인터넷 통신 수요가 증가했다. VSAT를 통한 원격지 인터넷 서비스, 선박과 항공기를 대상으로 하는 고속 인터넷 서비스도 활성화되었다.

위성을 활용한 고속 인터넷 서비스 수요는 전 세계적으로 계속 증가하고 있다. 일례로 미국의 원격지나 시골 지역에 거주하는 주민은 위성으로 인터넷 통신을 할 수밖에 없는 터라 약 800만 가구가 10~20메가비트 퍼 세컨드의 저속 위성인터넷 통신을 사용해왔다. Ka 밴드는 Ku 밴드보다 주파수 대역폭이 넓어서 고속 데이터, 초고속 인터넷 서비스를 제공할 수 있다. 최초의 Ka 밴드 상용 통신위성은 2005년 4월에 발사한 스페이스웨이 1이다. 휴스 네트워크가 스페이스웨이 1 위성을 활용해 상용 서비스를 시작한 뒤로 많은 위성통신 사업자가 Ka 밴드 정지궤도위성으로 고속 인터넷 서비스를 제공하고 있다.

스타링크, 원웹 같은 저궤도 위성사업자도 Ku 밴드와 Ka 밴드를 함께 사용해서 고속 인터넷 서비스를 제공하고 있다. Ka 밴드는 강우에 아주 취약해 통신이 끊기는 반면, Ku 밴드는 강우가 내리면 전파 감쇄가 있어도 통신이 끊기지는 않는다. 통신 속도가 현

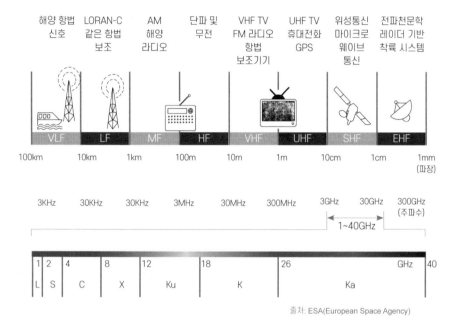

출처: ESA(European Space Agency)

위성통신 주파수대역

저히 감소하는 정도다. 그래서 강우가 자주 오는 아열대 지역에서 Ka 밴드를 통한 고속 인터넷 서비스는 수시로 접속이 끊기는 문제가 발생한다. 통신의 안정성이라는 중요한 서비스 품질 관리 측면에서 부정적인 요인이다. 선박에서는 Ku 밴드나 Ka 밴드 위성통신이 강우로 인해 인터넷 접속이 안 되는 문제를 막기 위해 항상 L 밴드 통신을 백업하는 덕분에 24시간 접속이 유지된다. 지상에서 Ka 밴드만 사용해 인터넷 통신을 하는 경우 강우로 인해 일시적으로 접속이 끊기더라도 가정에서는 크게 문제되지 않겠지만, 비즈니스는 그 영향이 매우 크다.

위험한 우주공간으로부터 위성을 지켜라

통신위성이 위치하는 우주공간은 열악하고 위험하다. 저궤도위성은 고도 약 500~1,200킬로미터에서 초속 7.8킬로미터 속도로 일정 궤도를 유지하며 비행한다. 정지궤도위성은 고도 약 3만 6,000킬로미터 적도 상공에서 초속 3.07킬로미터 속도로 원운동하고 있다.

위성은 로켓의 상단부인 페어링 안에서 목표한 궤도에 도달해 사출될 때까지 극한 환경을 견뎌내야 한다. 로켓이 발사되면 엄청난 진동과 함께 귀를 찢는 듯한 강력한 소음이 발생한다. 1단 로켓이나 페어링이 분리될 때는 강한 충격을 받으므로 우주공간에 도달하기 전이라도 위성은 로켓 발사로 인한 진동, 소음, 충격에 문

제가 없어야 한다.

우주공간에는 태양으로부터 방출되는 저에너지 전자와 양성자와 전자로 구성된 태양풍이 인공위성의 궤도와 자세를 조금씩 바꾸어놓는다. 통신위성이 정기적으로 자체 추진력을 활용해 궤도와 자세를 원래대로 되돌려놓지 않으면 다른 위성과 충돌하거나 안테나의 지향성 문제로 통신을 할 수 없다.

태양계 너머 은하계로부터 오는 우주방사선도 지구 주위를 공전하는 인공위성에 큰 위협이다. 우주방사선은 매우 높은 에너지를 가진 전자와 양성자, 다양한 원자 핵으로 이루어져 있다. 밀도는 높지 않지만 이동 속도는 빛의 속도(초속 30만 킬로미터)에 가까워서 태양풍(초속 400~800킬로미터)보다 훨씬 빠르다. 우주방사선은 인공위성 내부의 많은 전자 장비에 치명적 피해를 줄 수 있다. 일반적으로 정지궤도 통신위성의 설계 수명이 15년이라고 하면, 이 위성은 15년 동안 우주공간에서 정상 작동하는 데 문제가 없도록 우주방사선을 차단할 수 있다는 것을 의미한다[1, 2].

우주공간은 진공 상태에 가깝다. 저압 상태에서는 특정 소재가 변형되거나 공기가 없어 열전도가 되지 않아서 특수한 열 관리 방법을 적용해야 한다. 우주공간의 평균온도는 섭씨 영하 270도에 가깝지만, 태양 빛을 받으며 지구를 공전하는 인공위성의 외부 온도는 태양에 노출되는 면과 그늘진 면이 큰 차이가 있다. 정지궤도 위성의 경우 태양에 노출되는 면은 섭씨 약 60도, 그늘진 면은 섭씨 영하 125도로 기온 차이가 약 185도에 이른다. 위성을 설계할 때는 이런 극심한 온도 차이를 고려한다. 위성 부품과 조립된 위성은 실제 우주공간과 같은 열 진공 챔버 시설의 극한 상황에서 정상 작동하는지 테스트한다. 위성 부품에 영향을 주는 무중력이나 미세중력도 고려해야 한다.

위험한 우주공간에 있는 인공위성은 일단 지구상 서비스 궤도에 위치해 동작하기 시작하면 고장이 나더라도 현실적으로 수리하거나 부품을 교체할 수 없다. 이 문제를 해결하기 위해 먼저 위성체의 생존성을 최대한 높이는 방향으로 제작한다. 그럼에도 사고나 작동 불량이 생기는 경우를 대비해 위성 보험에 가입한다. 위험한 우주 환경에서 오랜 기간 안정적으로 작동할 수 있는 위성을 제작하기 위해 모든 부품에 대한 헤리티지heritage(발사를 통해 우주에서 요구하는 기능을 성공적으로 검증한 경험 또는 이력)를 요구하며, 보수적이고 엄격한 기준을 적용해 위성을 만든다.

정지궤도위성은 표준화가 적용되기 어려운 탓에 수작업으로 제작한다. 검증된 부품만 사용하다 보니 제작 단가도 매우 높다. 위성이나 우주선에서 사용하는 반도체칩이 구형인 경우가 많은 이유가 헤리티지 검증 때문이다. 위성에 사용하는 반도체칩은 지상에서 사용하는 반도체 가격의 100배가 넘기도 한다. 생존성을 높이기 위해 중요한 부품을 이중으로 만들어 탑재하는 방식도 제작 단가를 높인다.

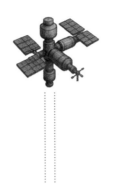

우주 위험에 대비한 위성 보험

개당 제작 단가가 수천억 원이 훌쩍 넘는 정지궤도위성에 투자하는 상용 위성통신 사업자의 입장에서 발사 도중 또는 운용 중일어나는 사고는 경영에 커다란 리스크 요인이다. 사고가 나도 발사업체와 위성체 제작업체에게 책임을 묻지 못한다. 첫째 발사 준비 과정이나 위성체 제작 과정에서 위성사업자의 임직원이 직접 감리를 수행한다. 둘째 고장 난 위성이 우주공간에 있으니 책임의 소재를 정확히 파악하기 어렵기도 하지만, 예측하기 어렵고 위험한 우주 환경도 고려한 결과다.

상용 위성통신 사업자는 이런 위험 요인을 대비하기 위해 보험에 가입한다. 보험에 가입하는 이유는 또 있다. 상용 위성통신 사업자는 투자자로부터 지분 투자를 받거나 위성 제작 비용을 은행에서 차입하기도 한다. 투자자와 은행은 자신의 투자비가 들어갔으니 반드시 보험 가입을 요구한다. 위성통신 사업자가 한 번쯤 위성을 발사할 때의 위험을 자체 감수하면서까지 비용을 절감하고 싶어도 투자자들과의 계약에 따라 위성 보험을 들 수밖에 없다.

위성사업자가 가입하는 보험에는 발사 보험과 운용 보험이 있다. 발사 보험은 해당 위성이 로켓에 실려 목적한 궤도에 투입되어 1년 동안 정상적으로 운용되는 것을 보증하는 보험이다. 위성은 운용 초기의 위험성이 크기 때문에 운용 보험보다 보험료가 비싸다. 운용 보험은 보통 매년 책정하는데 운용하는 위성의 상태를 보험사가 통보받아 산출한다. 신기술이 적용된 위성인지, 위성 제작업체를 신뢰할 수 있는지, 발사체의 품질과 안전에 신뢰성이 있는지 등을 보험료 산정에 반영한다. 이와 함께 가입 시점 당시 보험 시장 상황도 중요하다. 위성이 정상궤도에 안착하지 못하거나 작동 불량으로 서비스가 안 되는 상황처럼 직전에 보험 사고가 일어난 경우 보험료가 크게 상승한다.

2023년에는 두 건의 대형 위성 사고가 발생했다. 인말샛 6 F2 위성이 2월에 발사되었으나 전력시스템 이상으로 전손 처리되었다. 같은 해 5월에는 바이어샛 3 아메리카 위성이 발사되었으나 안테나 작동 불량으로 손실 처리되었다. 두 위성은 현재 각각 3억 4,900만 달러, 4억 2,000만 달러의 보험금을 청구한 상태다.

약 1조 원대의 보험 사고로 인해 위성 보험 시장이 대단히 경색되었다.

위성 보험은 보험의 목적물이 매우 고가라서 일반적으로 여러 보험사가 위험을 분산하는 재보험 형식을 취한다. 재보험은 선박, 항공기, 자연재해 등 사고가 났을 때 금액이 아주 큰 보험금을 지급해야 하는 경우를 대비해 보험사들이 위험을 분산하고자 만든 보험이다. 마쉬Marsh, 에이온Aon, 윌리스Willis 같은 글로벌 보험 중개 회사를 통해 해당 위성에 대한 재보험사의 보험 요율과 수취 여부를 결정한다. 실질적으로 보험 물건의 위험을 부담하고 보험료를 수취하는 재보험사는 뮌헨 리Munich Re, 스위스 리Swiss Re, 로이즈Lloyd's 등의 유럽계나 미국계 회사들이다. 오랜 기간 축적한 경험과 통계 데이터를 기반으로 보험료를 산정할 수 있기 때문이다.

아주 특이한 기능을 가진 위성이나 실험적인 위성 등은 발사 보험을 들지 않는 경우도 있다. 전자는 경험적 데이터가 부족해 아주 비싼 보험료가 책정되므로 보험 가입이 어렵고, 후자는 발사에 실패하더라도 후속 사업에 영향이 적어서 가입하지 않는다. 저궤도 군집 위성도 보험에 가입하지 않는다. 개별 위성이 고장 나 운용할 수 없으면 곧바로 대체 위성을 투입할 수 있기 때문이다. 사업 비용에서 큰 비중을 차지하는 보험료를 절감해 전체 사업 단가를 낮추고자 하는 이유도 있다.

최근 위성통신 시장이 급속하게 정지궤도에서 저궤도로 바뀌면서 저궤도위성은 보험에 가입하지 않다 보니 전체 위성 보험 시장이 줄어들고 있다. 저궤도 군집 통신위성은 위성 제작 단가를 낮추기 위해 표준화를 통한 자체 제작을 추구한다. 헤리티지를 갖춘 고가의 부품을 사용하지 않고 설계 수명도 5년 내외로 짧다. 운용 궤도에서 고장이 나면 궤도를 도는 대체 위성으로 즉시 대체하여 서비스 품질 문제를 해소한다. 스페이스X의 스타링크는 자체 발사체를 이용함으로써 발사 비용을 대폭 줄였다.

이런 환경에서 보험 가입은 오히려 전체 사업 단가만 늘린다. 원웹, 카이퍼, 라이트스피드도 위성 보험에 가입하지 않는다.

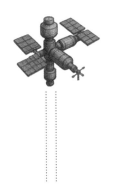

통신위성 제작업체는 어떻게 선정할까

위성통신 사업자는 기존에 운용 중인 위성이 수명을 다했거나 신규 궤도에 위성을 쏘아 올리기 위해 위성 제작업체를 선정한다. 위성 제작 경험과 신뢰성 있는 제작업체를 대상으로 지명 경쟁 입찰 방식을 사용한다. 위성통신 사업자는 예상 서비스 지역, 서비스 형태(방송, 고정 데이터통신, 이동 데이터통신), 용량 등을 결정하고 제작업체와 협의 및 협상을 진행한다.

위성체는 자체 운영 기능을 담당하는 플랫폼 부분과 서비스 기능을 제공하는 탑재체 부분으로 구성된다. 플랫폼은 유도 항법 제어시스템(궤도와 자세를 유지하기 위한 자이로와 추력기), 전력시스템(태양전지판과 배터리), 열제어시스템(위성 내부의 온도 제어), 항공전자

버스(플랫폼)

탑재체(페이로드)

버스 혹은 플랫폼은 위성의 핵심 프레임을 형성하며, 전력 생산과 분배, 지상과의 통신, 항공전자시스템의 구성과 작동, 궤도 유지와 자세 제어 수행

유도 항법 제어시스템
GNC, Guidance, Navigation and Control
인공위성의 위치와 자세 조정
-**유도**: 위성이 목표 궤적을 따라가도록 함
-**항법**: 위성의 위치, 속도, 방향을 측정하고 계산
-**제어**: 자세와 궤도 변경

안테나는 위성과 지상 단말 사이에 양방향 신호를 주고 송수신

탑재체는 위성의 임무와 직접 관련된 기기로 구성되며, 통신위성, 관측위성, 항법위성, 과학위성에 따라 구성 요소가 다름

-**통신위성**: 신호를 송수신하기 위한 중계기, 신호 증폭기, 송신기, 수신기 등
-**관측위성**: 카메라, 센서, 분광기 등
-**항법위성**: 원자시계, 신호 생성기 등
-**과학위성**: 망원경, 입자검출기, 분광기, 자기장 측정기 등

열제어시스템
위성 내부의 온도 제어

항공전자 장비
위성의 전체적인 전자시스템을 관리
(컴퓨터시스템, 전력시스템, 통신시스템, 데이터 처리 및 저장장치, 센서와 제어시스템)

전력
태양전지판으로 필요한 전력을 생산
(전력은 배터리에 저장되어 태양에 노출되지 않는 시간에도 사용)

인공위성의 구성 요소

출처: SatNow

시스템(컴퓨터시스템, 데이터 처리 및 저장장치), 통신시스템(위성의 상태 정보를 지상국과 공유)으로 구성된다. 탑재체는 안테나와 중계기(신호 수신, 증폭, 변환, 송출)로 구성된다.

정지궤도위성은 저궤도위성보다 크기와 중량이 상대적으로 크다. 위성의 중량을 좌우하는 요소는 크게 위성의 구조물, 회로시스템, 탑재체와 연료 등이다. 총중량을 발사 중량이라고 하며, 발사체가 특정 궤도에 이만큼의 중량을 올려주어야 한다. 총 중량이 커질수록 발사체 서비스의 가격도 오른다. 정지궤도위성의 총중량은 2,000~6,000킬로그램 정도다. 위성의 연료탱크에 넣는 화학 추진제인 하이드라진hydrazine은 총중량의 약 2분의 1에 해당하는 무게를 차지한다. 총중량에서 연료가 차지하는 중량을 제외한 중량을 순중량이라고 한다. 정지궤도위성의 순중량은 1,000~3,000킬로그램 정도다3.

정지궤도위성은 로켓에서 분리되어 정지궤도에 도달하기 위한 중간 단계 궤도, 즉 천이궤도GTO, Geo Transfer Orbit에 진입한 이후 보름 안에 목적한 정지궤도에 도착해 본격적인 시스템 안정화 과정을 거친다. 연료의 약 50퍼센트는 이 과정에서 소모되며, 남은 연료는 약 15년 동안 위성 자세 제어 등에 사용된다. 최근에는 화학 추진제 대신 제논xenon 가스를 이용한 전기 추진제를 사용하기도 한다. 전기 추진제를 사용하면 연료 효율성(동일한 양의 연료로 더 높은 추진력 획득)이 높아서 연료 용량이 감소하고, 위성의 총중량을 줄임으로써 발사 비용을 절감할 수 있다. 높은 연료 효율성은 정지궤도에 안착한 위성의 수명을 연장시켜준다. 다만 전기 추진제를 사용하면 추력이 약해서 천이궤도에서 정지궤도로 이동하는 데 보통 6개월이나 걸린다. 또 고출력 전기가 필요하기 때문에 태양전지판이나 배터리를 추가 설계해 전력을 충분하게 공급해야 한다.

통신위성도 디지털 기술을 적용하면서부터 과거 아날로그 위성처럼 단순히 신호를 전송만 하는 게 아니라 스마트한 위성이 되었다. 과거에는 위성에서 지상으로 송출하는 전파의 빔이 넓은 특정 지역을 지향하는 고정된 빔이었다. 지금은 작은 빔을 수십 개씩 만들어 자유자재로 전체 빔의 크기와 형태를 조절할 수 있다. 여러 개의 작은 빔을 구성하면 주파수를 재활용할 수 있어 통신위성의 용량은 커지고, 서비스 단가(Mbps당 비용)는 낮아진다.

빔을 구성할 때는 혼 어레이horn array 안테나를 사용하거나 전자식 위상 배열 안테나를 사용한다. 이런 위성을 HTSHigh Throughput Satellite라고 하며, 빔의 숫자가 아주 많은 위성은 VHTSVery High Throughput Satellite라고 한다. HTS 위성은 빔의 형태를 쉽게 바꿀 수 있고 주파수를 재활용해 고용량 통신을 제공할 수 있다는 장점을 가진 반면, 지상국 건설 비용이 증가한다는 단점이 있다. HTS 위성은 다수의 빔을 사용함으로써 발생하는 고용량 트래픽을 처리하기 위해 여러 곳에 게이트웨이를 설치해야 하기 때문이다.

전통적인 통신위성은 서비스 지역과 사용할 주파수를 결정한 다음 설계, 제작한다. 위성을 발사하고 운용할 때에도 지역과 빔, 주파수와 대역을 변경할 수 없다. 궤도 주변의 다른 위성이나 서비스 지역 내 다른 위성 빔과의 조정 작업을 이미 완료했기 때문이다. 그런데 위성통신에 디지털 기술이 적용되면서 이 같은 제약이 없어졌다. 소프트웨어 정의 온보드 프로세서 덕분이다. 위성 내부에 탑재된 컴퓨터로, 기능을 소프트웨어로 유연하게 조절할 수 있는 소프트웨어 정의 온보드 프로세서software defined on-board

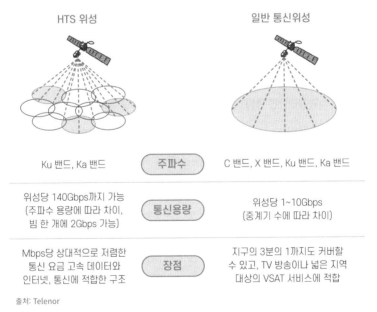

HTS 위성		일반 통신위성
Ku 밴드, Ka 밴드	주파수	C 밴드, X 밴드, Ku 밴드, Ka 밴드
위성당 140Gbps까지 가능 (주파수 용량에 따라 차이, 빔 한 개에 2Gbps 가능)	통신용량	위성당 1~10Gbps (중계기 수에 따라 차이)
Mbps당 상대적으로 저렴한 통신 요금 고속 데이터와 인터넷, 통신에 적합한 구조	장점	지구의 3분의 1까지도 커버할 수 있고, TV 방송이나 넓은 지역 대상의 VSAT 서비스에 적합

출처: Telenor

HTS 위성의 빔과 기존 위성의 광대역 고정 빔

processor에서는 수신된 주파수 A 대역을 송신할 때는 B 대역으로 바꿀 수 있다. 이런 위성을 플렉스 위성 혹은 SDSSoftware Defined Satellite(소프트웨어 정의 위성)라고 한다. SDS는 소규모 빔을 통해 주파수를 재활용하는 HTS 기능을 포함시키면서 위성 운용에 일대 혁신을 가져왔다.

기존에는 위성을 제작할 때 수요자인 위성 운용사의 개별적인 요구 사항에 맞추어 만들었다. 특정 주파수대역만 송출하고 지구를 지향하는 안테나도 특정 지역에만 서비스하도록 제작했다. 따라서 위성체 전체를 표준화하기 어렵고 개별 제작에 따른 제작 단가가 매우 높다. 반면 SDS는 표준화된 동일 위성체를 대량생산하여 위성 운용사가 자신의 필요에 따라 지역, 주파수, 용량을 조정해서 사용하면 된다. 또 위성 제작업체는 표준화, 대량생산을 함으로써 규모의 경제를 실현해 위성 단가를 낮출 수 있다.

이렇게 하면 위성 운용사는 시장 수요에 탄력적으로 대처할 수 있다. 수요가 많은 지역에는 소규모 빔을 많이 보내 필요한 용량을 공급할 수 있고, 때로는 전혀 다른 궤도로 이동해 그 지역의 통신 수요에 맞춰 위성의 주파수, 빔 패턴 등을 조정하여 서비스할 수 있다. 현재 유럽의 에어버스는 원샛이라는 SDS를 개발, 제작하고 있고, 탈레스 알레니아 스페이스, 보잉, 록히드 마틴, MDA 등도 SDS를 개발, 제작하고 있다.

다크호스의 등장, 소형 정지궤도위성

기존의 정지궤도 통신위성은 총중량 기준 3~6톤, 중소형 트럭 크기에 가격도 비싸다. 우주에서 사용이 검증된 좋은 부품을 사용하고 충분한 통신용량을 확보하면 안정된 서비스를 제공할 수 있다는 장점이 있다. 그런데 최근 총중량이 1톤 미만이며 통신용량도 훨씬 적은 소형 정지궤도위성을 만드는 스타트업들이 등장했다. 아스트라니스Astranis, 스위스투12Swissto12, 테란 오비탈Terran Orbital, 새턴Saturn 등이다.

소형 정지궤도위성은 수요 측면에서 틈새시장이라고 할 수 있다. 특정 지역을 대상으로 위성통신 서비스를 제공하기에는 대형 정지궤도위성의 가격이 워낙 비싸다 보니 경제성이 없으면 소형 정지궤도위성을 활용할 수 있다. 그래서 통신위성을 소유 및 운용하고 싶은 경제 규모가 작은 국가에서 소형 위성을 이용할 가능성이 높다. 미국 알래스카주의 통신서비스 기업인 퍼시픽 데이터포트 Pacific Dataport는 아스트라니스의 소형 정지궤도위성으로 인터넷 서비스를 할 계획이다4.

공급 측면에서 소형 정지궤도위성은 장점이 많다. 우선 대형 위성 제작업체가 헤리티지 문제와 위성 기술의 안정성 차원에서 시도하지 못하는 신기술을 적극 도입할 수 있다. 3D 프린팅, 디지털 탑재체, 소프트웨어 정의 온보드 프로세서 기술을 활용해 위성의 기능은 극대화하고 크기와 중량은 최소화할 수 있다.

소프트웨어 정의 온보드 프로세서 기술을 활용하면 통신 방식, 주파수, 데이터 처리 방법 등을 지상에서 원격으로 변경할 수 있다. 다시 말해 기존 위성이 하드웨어 고정 방식이었다면, 이 기술로 스마트폰처럼 위성의 기능을 쉽게 업데이트할 수 있다. 이를 통해 다양한 지역에 맞춤형 서비스를 제공하고, 긴급 상황에도 빠르게 대응할 수 있다. 또 위성의 설계 수명은 대형 정지궤도위성이 15년 이상이지만, 소형 위성은 10년 내외라서 최신 기술을 위성 제작에 적극 반영할 수 있고 제작 기간도 비교적 짧다.

대형 위성에 비해 중량이나 크기가 상대적으로 작기 때문에 발사체 서비스 비용을 크게 절감할 수 있고, 발사 시기를 상대적으로 쉽게 정할 수 있다는 장점도 크다. 대형 위성은 스페이스X의 팰컨 9 로켓에 최대한 실어도 두 기만 발사할 수 있으나, 소형 위성은 대형 위성과 함께 여러 기의 소형 위성을 함께 싣는 공유 프로그램을 이용할 경우 발사 비용을 절감할 수 있다.

발사체는 스페이스X가 전부일까

위성통신 사업자가 정지궤도위성을 특정 궤도에 올리려면 발사체 기업의 발사 서비스를 구매해야 한다. 발사 서비스 비용은 전체 사업 비용에서 차지하는 비중이 커서 여러 사업자 가운데 신중하게 선정한다. 발사한 경험이 있는지 혹은 처음 발사하는지, 발사에 실패한 적이 있는지, 단독으로 발사하는지 혹은 두 기 이상 함께 발사하는지, 사업자가 원하는 시기에 발사할 수 있는지 등을 체크하고 가격 협상을 하게 된다.

스페이스X는 현재 가장 유명한 위성 발사 서비스 기업이며, 2013년부터 본격적으로 상업용 위성 발사를 시작했다. 이전에는 미국 ULA, 미국과 러시아의 합작회사 ILS, 유럽 아리안스페이스,

국가	기업	목표 시장	발사체 이름	설립 연도	최초 발사	발사 실패/ 성공 횟수
미국	스페이스X	대형	팰컨 9, 팰컨 헤비, 스타십	2002년	2006년 3월	12회 /433회
	블루 오리진	대형	뉴 셰퍼드, 뉴 글렌	2000년	2015년 4월	1회 /27회
	ULA	대형	벌컨 센타우르	2006년	2006년 1월	0회 /164회
	로켓 랩	중소형	일렉트론, 뉴트론	2006년	2017년 5월	4회 /54회
	파이어플라이	중소형	알파, 베타	2014년	2021년 9월	2회 /3회
유럽 (프랑스)	아리안 스페이스	소형, 중대형	베가 C, 아리안 6	1980년	1980년 5월	15회 /302회
인도	ISRO (정부기관)	소형, 중대형	SSLV, PSLV, GSLV, LVM3	1969년	1979년 8월	13회 /79회
러시아	로스코스모스	대형	소유즈	1992년	1992년 1월	11회 /317회
중국	CASC	대형	창정 5, 6, 8A, 12	1999년	1999년 10월	14회 /487회
일본	미쓰비시 중공업	중대형	H-II, H3 Heavy	1884년	1986년 8월	1회 /52회

2024년 말 기준 주요 상업용 위성 발사 서비스 제공 기업

전 세계 발사체 정보를 제공하는 RocketLaunch.org의 데이터 참고

러시아 소유즈, 인도 ISRO 등이 상용 정지궤도위성의 발사 서비스를 제공했다. 스페이스X는 팰컨 9, 팰컨 헤비 시리즈를 통해 높은 발사 성공률을 기록하며 신뢰성 있는 발사체 기업이 되었다. 1단 발사체를 재활용하면서 다른 발사체 회사가 따라올 수 없는 가격 경쟁력까지 갖추었다. 게다가 러시아-우크라이나 전쟁으로 서방과 러시아의 이해관계가 충돌하면서 러시아 발사체 사용을 꺼리게 되자 스페이스X의 독점적 지위는 더욱 튼튼해졌다.

전 세계 여러 민간기업이 스페이스X처럼 발사체를 개발하고 서비스하고 싶어 하지만, 아직까지 소형 위성을 탑재할 수 있는 소형 발사체에 한정되어 있다. 소형 발사체 기업들은 1,000킬로그램 이하의 위성 탑재체를 서비스하겠다는 목표를 갖고 있다. 대표적 기업에는 미국의 로켓 랩, 파이어플라이Firefly, 렐러티비티 스페이스, ABL, 독일의 이자르 에어로스페이스, 인도의 스카이루트 에어로스페이스Skyroot Aerospace가 있다. 국내에서도 이노스페이스, 페리지 에어로스페이스, 우나스텔라 등 스타트업이 소형 발사체를 개발하고 있다. 2024년 말 기준 민간 발사체 개발 기업으로서 상용 발사에 성공한 회사는 로켓 랩과 파이어플라이뿐이다5. 로켓 랩은 2018년에 첫 상용 발사에 성공했고, 2023년 기준 총 33회의 일렉트론 로켓 발사에 성공했다. 파이어플라이는 2021년 첫 상용 발사에 성공한 뒤로 현재까지 총 세 번 성공했다.

발사체와 발사 장소를 결정할 때는 미국의 국제무기거래규정

International Traffic in Arms Regulations(이하 ITAR) 및 수출관리규정Export Adminstration Regulations(이하 EAR)에 저촉되지 않는지 확인해야 한다6. 두 규정은 통제 대상인 미국의 기술, 품목이 포함된 인공위성을 허가받지 않은 발사체 기업이나 발사 장소에서 발사할 수 없도록 제한한다. 인공위성에 적용되는 기술, 소프트웨어, 부품들은 미국 제품이 많기 때문에 발사 비용이 아무리 저렴해도 미국이 허가하지 않는 국가, 예를 들어 2025년 기준 중국, 러시아 등의 발사체로나 해당국에서는 발사할 수 없다. 이를 의도적인 이유에서건 부주의 때문이건 위반하면 미국 정부로부터 제재당하고 벌금을 부과받는다. 이는 발사체뿐 아니라 인공위성을 제작해 외국으로 수출하는 경우에도 동일하게 적용된다. 인공위성을 제작할 때 미국의 기술과 부품을 사용하면, 완제품 위성을 수출할 때 미국의 기술과 부품이 재수출되는 것이나 마찬가지이므로 수출 대상과 국가에 대해 미국의 허가를 받아야 한다.

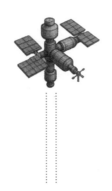

우주와 지상을 이어주는 지상국

위성통신 사업자의 제일 중요한 자산은 우주공간에 있는 통신위성이다. 통신위성을 제어하고 상태를 모니터하며 지상의 사용자 단말에 필요한 데이터를 서비스하는 역할은 지상국이 맡는다. 지상국은 역할에 따라 통제국, 서비스국, 게이트웨이로 나눈다.

통제국은 위성과 지속적으로 통신하면서 위성의 상태를 파악하고 분석하며, 필요한 경우 자세나 궤도를 수정한다. 위성에 불필요한 간섭신호가 도달하거나 서비스 지역에서 간섭신호가 감지되면 간섭신호의 원천을 파악해 이를 해결하는 역할도 수행한다. 서비스국은 위성과의 상향 신호, 하향 신호를 변환하여 처리하고 데이터 트래픽을 관리한다. 암호화 처리, 사용자 승인 처리 등도 수행한다. 게이트웨이는 전화, 데이터, 인터넷, 방송 같은 지상의 다양한 통신 네트워크와 위성을 연결해줌으로써 사용자 단말이 위성을 통해 지상 네트워크에 연결될 수 있도록 해준다. 위성통신의 신뢰성과 생존성을 보장하기 위해 지상국은 주 센터와 백업 센터로 이중화하며, 서로 가까이 배치하지 않는다.

위성통신 사업자가 통신 중계기를 임대해주는 서비스를 제공받는 고객은 일반적으로 서비스 지역에서 직접 게이트웨이를 구축하고 운영해야 한다. VSAT 사업자는 VSAT 안테나를 통해 게이트웨이를 구축한 다음 위성사업자로부터 위성 용량을 구매, 임차하여 최종 이용 고객에게 인터넷 서비스 등을 제공한다. 게이트웨이를 설치하려면 투자 비용이 들 뿐 아니라 운용에 따른 기술적 어려움 탓에 위성통신 고객에게는 쉽지 않은 일이다. 따라서 위성통신 사업자는 고객이 원하는 경우 서비스 지역에 게이트웨이를 설치하거나 한 단계 더 나아가 위성 단말까지 공급하는 매니지드 managed 서비스를 제공한다. 고객은 위성통신 장비를 운영할 수 없거나 기술적 지식이 없어도 위성통신 서비스를 이용할 수 있고, 위성통신 사업자는 최종 고객에게 직접 다가갈 수 있으므로 시장 경쟁에 효과적으로 대응할 수 있다.

더 작고 단순하게 진화하는 사용자 단말

위성통신의 사용자 단말은 고정형, 이동형, 육상, 해상, 항공 등 다양하다. 단말은 크게 안테나, 송수신기, 모뎀, 컨트롤러로 구성되어 있다.

사용자 입장에서는 안테나의 크기와 형태가 이용 편의성에 큰 영향을 미친다. 사용자 단말로 쓰는 안테나는 주로 접시형이며, 크기는 여러 요인에 따라 달라진다. 주파수대역이 높을수록(L 밴드, C 밴드보다는 Ku 밴드와 Ka 밴드) 작은 안테나로 통신할 수 있다. 또 위성으로부터 수신하는 전파의 세기가 강하고, 위성과 지상 단말과의 거리가 가까울수록 작은 안테나를 사용할 수 있다.

선박, 항공기, 자동차에서 사용하는 이동형 위성안테나는 전

고정형 위성안테나

이동형 L 밴드 위성안테나

이동형 기계식 위성안테나

이동형 전자식 위성안테나

데이터통신용 사용자 단말

자식 평판안테나가 아닌 이상 위성안테나와 사용자 단말 안테나의 포인트를 지속적으로 맞춰주는 기계식 조향 장치가 있어야 한다.

고정형 접시안테나를 사용하는 사용자 단말은 사용 초기에 정지궤도위성과 방향을 맞추는 조정을 하고, 해당 위성과 통신을 위한 입력값을 제공해야 하기에 전문성이 요구되고 번거롭다. 기계식 조향 장치가 장착된 이동형 접시안테나도 다수의 저궤도위성과 포인트를 맞추려면 여러 대의 안테나가 필요하다. 이런 불편을 해소해줄 수 있는 안테나가 평판안테나다. 평판안테나를 기술적으로 구현하는 방식은 다양하다. 대표적으로 혼 배열, 위상배열, 메타물질 방식 등이 있다. 어떤 방식이든 장단점이 존재하지만, 다수의 반도체칩을 기반으로 한 전자식 위상배열안테나가 상용으로 자리 잡고 있다. 스페이스X의 스타링크와 원웹의 사용자 단말은 모두 이 방식을 적용하고 있다. 상용 평판안테나를 제작하는 기업은 많다. 미국의 카이메타Kymeta, 씽콤Thinkom, 하니웰 에어로스페이스Honeywell Aerospace, 유럽의 에어버스, 이스라엘의 지랏Gilat, 한국의 인텔리안Intellian 등이 있다.

5장

어떤 곳이든 관찰하고 촬영한다, 위성관측

상업적 활용이 늘고 있는 위성영상 분석

위성에서 촬영한 원유 저장고의 유동식 지붕 높이를 분석해 원유가 얼마나 저장되어 있는지 파악하고, 모든 원유 저장고의 원유 저장량을 계산해서 원유 공급 물량을 예측한 기업이 있다. 관측위성을 보유하지 않고 위성영상 분석만 하는 오비탈 인사이트 Orbital Insight다. 원유의 공급량을 파악하면 수요 예측은 물론이고 가격까지 미리 예상할 수 있으므로 정유회사, 선박, 항공사에 매우 중요한 정보가 된다. 지구 관측EO, Earth Observation(이하 EO) 위성영상이 단순한 이미지를 넘어 큰 부가가치를 제공할 수 있다는 뜻이다.

밀이나 옥수수 같은 농작물 가격은 대형 식품회사, 바이오에너지 기업의 경영 성과를 결정짓는 중요한 변수다. 농작물을 키우는 대단위 경작지를 위성영상으로 촬영하면 농작물의 생육 상태를 알 수 있다. 농작물의 생육이 나쁘면 생산량이 감소하거나 품질이 나빠지기 때문에 공급 부족으로 인한 가격 상승을 예상할 수 있다. 이 밖에 대형마트 주차장에 차량이 얼마나 주차되어 있는지 위성영상으로 파악하고 시계열(시간 차례대로 늘어놓은 데이터나 자료)로 분석해보면 소비, 경기의 흐름을 확인할 수 있다.

위성영상은 주로 공공 분야, 국방 및 안보 분야에서 개발되어 왔으며, 지금도 활발하게 사용되고 있다. 이제는 경제, 산업 분야에도 적용하기 위한 상용화 초기 단계에 있다.

공공 분야에서는 날씨 예측, 국토지리 정보, 농식물의 생육 정보를 파악하기 위해 위성을 사용해왔다. 정지궤도에 위치하는 기상위성은 시시각각 변화하는 구름의 양과 진행 방향 등을 파악해 날씨를 예보한다. 또 국토의 변화를 정기적으로 파악해 지도를 제작하거나 현행화를 하기 위해 저궤도 관측위성을 운용한다.

국방 분야는 훨씬 정교하고 해상도가 높은 관측 영상이 있어야 한다. 군사 목적의 위성영상은 정찰, 표적 식별, 변화 감지 등을 할 수 있어야 하며 정확성에 기반한 의사결정이 생명이라서 미터급 이하의 세밀한 이미지 확보가 필수적이다.

마지막으로 농지와 산림에서 자라는 식물의 생육 환경을 파악하여 관련 농업 및 산림 정책에 반영하기 위해 다양한 센서를 장착한 저궤도 관측위성을 이용한다.

　향후 10년간 위성영상 시장은 빠르게 성장할 것으로 예상된다. 유럽의 우주 프로그램 관련 기관인 EUSPAEU Agency for the Space Programme의 2024년 조사 자료에 따르면 2023년 기준 전 세계 위성영상 시장 규모는 34억 유로(약 4조 8,000억 원)다. 영상데이터 시장이 약 6억 유로(약 8,500억 원), 영상 분석 같은 부가서비스 시장은 약 28억 유로(약 3조 9,500억 원)다. 전체 시장에서는 북미 47퍼센트, 유럽 15퍼센트로 두 시장의 비중이 제일 크다1.

　산업 분야별로 보면 시장 규모 순서대로 기후 환경 분야 22퍼센트, 도시 개발 관련 분야와 농업 분야 각각 13퍼센트, 에너지와 원자재 분야 10퍼센트, 보험과 금융 분야 10퍼센트다. 2033년에는 전 세계 EO 시장이 90억 유로(약 12조 7,000억 원)까지 성장할 것이라고 예상한다.

농업

지속가능한 농작물 영양 관리, 토양 건강 복원, 생물다양성 보전을 위해 EO 데이터와 정보를 활용한다. EO는 작물 건강 모니터링, 농지 구획 결정, 비료 작업에 관한 지침을 주는 등 농업 운영의 필수 요소로 자리 잡고 있다.

임업

EO는 산림의 지속가능성을 모니터링하고 유지하는 데 굉장히 가치 있는 도구로 활용된다. 탄소 모니터링에서 산림 파괴와 황폐화 방지에 이르기까지 전 세계 산림 보호에 기여하고 있다.

항공과 드론

EO는 항공 및 드론 부문에서 날씨 영향 (화산재 구름, 위험한 기상 조건 등)을 모니터링한다. 이를 통해 안전한 항공운항과 유지 보수를 효과적으로 계획할 수 있다. 또 EO 데이터는 항공산업의 환경 영향을 모니터링하는 데 사용되며(비행운 모니터링 및 완화), 탄소 배출량을 줄일 수 있도록 돕는다.

인프라

EO는 지반 변형 평가를 통해 부지 선정과 건설, 건설 후 모니터링 서비스를 제공한다. 기후변화의 영향을 분석하고, 리스크 노출 정도에 관한 정보를 제공하며, 대형 인프라의 유지 보수 작업을 최적화할 수 있다.

기후, 환경 및 생물다양성

EO 데이터로 다양한 환경 변수를 측정하며, 기후 모델링에 귀중한 데이터를 제공한다. 생태계 건강과 잠재적인 스트레스 요인을 이해하는 데에도 도움을 준다.

보험 및 금융

EO 데이터는 금융 및 보험업의 여러 이해관계자를 위해 활용된다. EO 데이터에 기반한 리스크, 클레임 평가를 통해 보험 가격 책정의 정밀도를 높일 수 있다.

소비자 솔루션, 관광 및 건강

EO 기반 건강 애플리케이션에서 공기질과 자외선 모니터링이 주목받고 있다. EO는 지속가능하고 안전한 관광 실현에도 기여한다. 예를 들어 파도 상태나 수질을 모니터링한다.

해양 및 내륙 수로

EO와 GNSS(위성항법)의 시너지 효과 덕분에 선박 경로 최적화 애플리케이션으로 효율적인 해상 운송 경로를 찾는다. 이런 최적화는 탄소 배출량을 줄이고 보다 안전한 항해를 가능하게 한다.

출처: EUSPA EO and GNSS Market Report, 2024/Issue2

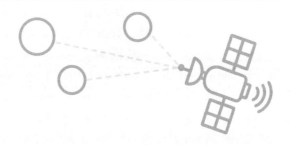

긴급 대응 및 인도적 지원

EO는 재난을 미리 대비하고, 예방부터 재난 대응과 사후 복구까지 포괄적 지원을 제공한다. 동시에 위기 지역에 관해 상세하고 지속적으로 업데이트되는 정보를 제공하며, 실시간으로 문서화하고 평가와 모니터링을 수행한다.

철도

EO는 철도 네트워크의 안전성을 향상시킨다. 선로 침입, 산사태와 홍수 등의 위험 요인을 감지하는 데 활용되며, 미래에는 밀리미터 단위의 지반 움직임을 감지하여 선로 변형과 철도 인프라 상태를 모니터링하는 데 도움을 줄 것이다.

에너지 및 원자재

EO 기반 솔루션은 에너지 부문에서 재생에너지 프로젝트의 비용 추정, 에너지 생산 모니터링, 환경 위험 평가를 통해 신재생에너지 균형을 유지한다. 원자재 부문에서는 환경적 영향을 모니터링하고, 광물자원이 풍부한 지역에서 불법 채굴을 감시하며, 광산 운영의 안전성을 향상시키는 데 기여한다.

수산업 및 양식업

수산업과 양식업을 위한 전용 EO 서비스는 염도, 수온 및 수질 정보를 제공한다. 이를 통해 어업과 양식업이 발전하고 있으며, 어류의 이동 패턴을 예측하여 지속 가능한 해양 어업 활동에 기여한다.

도로 및 자동차

도로 혼잡도를 모니터링하고 실시간 교통 애플리케이션을 통해 교통안전에 기여한다.

도시개발 및 문화유산

EO는 지속가능한 도시 개발, 기반 시설을 모니터링하고 문화유산 관리에 기여한다. 또 문화유산의 변화, 위협을 감지하고 보전 결정을 내리는 데 도움이 된다.

14개 주요 산업 분야의 지구 관측 위성영상 활용 사례

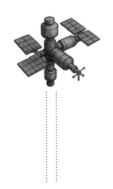

공공 수요를 장악한 위성영상 서비스 기업

저궤도에 위치한 지구관측위성은 탑재체에 어떤 센서를 장착하느냐에 따라 서비스의 품질과 종류가 달라진다. 전통적으로 광학 센서를 탑재해왔는데, 광학 센서는 흑백과 컬러로 나누며 해상도가 중요한 변수다. 해상도는 높을수록 좋지만 광학렌즈와 위성 탑재체 장비도 커져야 하므로 위성 가격이 오른다. 게다가 영상 파일의 저장용량이 늘어나 지상으로 전송하기 어려울 수 있다.

상용 위성영상 서비스를 제공하는 기업은 자체 위성을 운용하여 영상을 제공할 수 있는 곳과 위성을 보유하지 않고 구매한 영상을 분석하는 곳으로 나눌 수 있다. 전자는 막사Maxar, 플래닛 랩스, 아이스아이, 움브라 스페이스Umbra space 등이고, 후자는 오비탈 인사이트, 텔어스 랩Tellus Lab, 얼사 스페이스Ursa Space 등이다.

자체적으로 위성을 발사하고 운용하며 촬영한 영상의 데이터 베이스를 만들어서 외부에 유료로 판매하는 대표적 기업으로 막사, 에어버스 D&S 등이 있다. 플래닛 랩스, 블랙스카이, 카펠라 스페이스Capella Space, 아이스아이 등은 신생기업이다.

미국에 본사를 둔 막사는 월드뷰 1, 2, 3, 4 시리즈 등 10여 기의 고해상도 광학 영상 위성을 운영하며 30~50센티미터급 영상을 제공한다. 특히 위성 제작 역량까지 갖추고 있어 자신이 운용하는 광학 영상 위성뿐 아니라 정지궤도 통신위성도 제작해 다른 기업에 공급한다[2].

유럽의 전통적인 위성영상 제공 기업은 에어버스 그룹에 속한 에어버스 D&S다. 유럽을 대표하는 방위산업체로 우주 부문에서는 각종 위성 제작을 담당하며, 위성영상과 분석 서비스도 제공하고 있다. 해상도 30센티미터와 50센티미터의 고해상도 광학위성, 1.5미터급 스폿 위성 시리즈, 여러 종류의 SAR 위성을 운영하고 해당 영상을 제공한다[3]. 막사처럼 자체적으로 위성을 제작하고 발사 및 운용하며 주로 고해상도 영상을 제공하는 데 주력하고 있다. 참고로 유럽우주국(이하 ESA)은 코페르니쿠스 프로그램을 통해 여섯 종류의 센티널 시리즈 고해상도 위성을 운용하면서 필요한 분야에 영상을 제공하고 있다.

신생 민간 위성영상 서비스 기업

신생 위성영상 제공업체의 특징은 위성 군집화로 더 자주, 더 실시간에 가까운 영상을 제공한다는 것이다. 2010년 설립된 미국의 플래닛 랩스는 해상도 3~5미터 크기를 촬영할 수 있는 초소형 위성인 도브를 발사했다. 고가의 고해상도 위성영상보다 해상도가 크게 떨어지지만, 저렴하게 제작할 수 있고 군집을 이루기 때문에 실시간으로 대상을 촬영할 수 있다. 도브 위성의 평균수명은 2~3년이며, 2013년 처음 발사한 후 500기를 성공적으로 발사했고 고도 400킬로미터에서 운용된다. 플래닛 랩스는 2021년 48기의 차세대 수퍼도브 위성을 발사했다. 수퍼도브 위성은 여덟 개의 분광대역과 더 향상된 해상도를 갖고 있다. 뿐만 아니라 1미터 이하 고해상도 영상을 촬영할 수 있는 스카이샛 시리즈 위성 15기를 운용하고 있다4.

2014년 설립된 미국의 블랙스카이는 플래닛 랩스보다 운용 위성 수는 적지만 해상도가 높은 이미지를 제공한다. 해상도가 1미터인 블랙스카이 위성은 2018년 3월에 첫 시험 위성을 발사했고, 2024년 말 기준 총 19기의 위성으로 서비스하고 있다. 상대적으로 높은 영상 해상도 덕분에 미군으로부터 여러 계약을 수주했고, 2022년 5월에는 미국 국가정찰국NRO과 10년간 10억 달러에 달하는 계약을 수주했다.

한국의 쎄트렉아이Satrec Initiative도 0.3미터급의 초고해상도 광학 영상 위성을 제작하고, SAR 위성도 개발한 글로벌 경쟁력을 갖춘 기업이다. 1999년에 설립되어 소형 위성시스템, 지구관측위성, 지상시스템을 개발해 국내외에 판매해왔다. 2021년 한화에어로스페이스가 1,000억 원을 투자해 지분 33.63퍼센트를 확보했다. 2025년 3월에는 자체적으로 서비스를 제공하고자 해상도 25센티미터급, 중량 650킬로그램 위성을 고도 500킬로미터에 발사했다. 막사처럼 자체적인 위성을 발사 및 운용해서 초고해상도 위성영상을 공급하는 서비스 회사로 거듭나겠다는 목표를 갖고 있다.

광학 영상 위성에 달린 카메라는 지상에 구름이 있거나 야간에는 이미지를 생성하기 어렵다. 그런데 SAR(합성 개구 레이더)를 탑재한 지구관측위성인 SAR 위성은 구름이 있거나 야간이거나 강

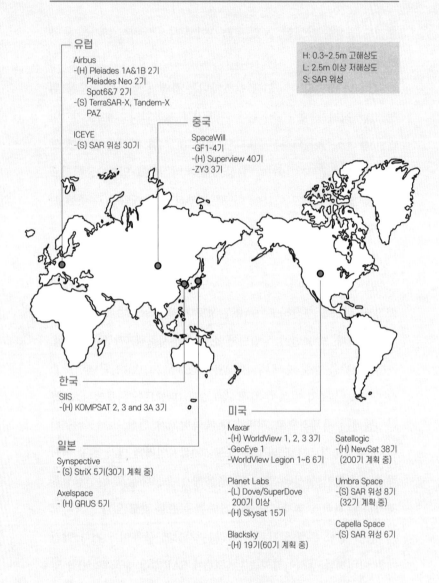

유럽

Airbus
-(H) Pleiades 1A&1B 2기
   Pleiades Neo 2기
   Spot6&7 2기
-(S) TerraSAR-X, Tandem-X
   PAZ

ICEYE
-(S) SAR 위성 30기

H: 0.3~2.5m 고해상도
L: 2.5m 이상 저해상도
S: SAR 위성

중국

SpaceWill
-GF1-4기
-(H) Superview 40기
-ZY3 3기

한국

SIIS
-(H) KOMPSAT 2, 3 and 3A 3기

일본

Synspective
- (S) StriX 5기(30기 계획 중)

Axelspace
- (H) GRUS 5기

미국

Maxar
-(H) WorldView 1, 2, 3 3기
-GeoEye 1
-WorldView Legion 1~6 6기

Planet Labs
-(L) Dove/SuperDove
  200기 이상
-(H) Skysat 15기

Blacksky
-(H) 19기(60기 계획 중)

Satellogic
-(H) NewSat 38기
  (200기 계획 중)

Umbra Space
-(S) SAR 위성 8기
  (32기 계획 중)

Capella Space
-(S) SAR 위성 6기

2024년 말 기준 상업용 영상 위성을 소유 및 운용하는 주요 기업

한국의 SIIS와 중국의 SpaceWill은 자체 위성이 아닌 정부가 운영하는 위성영상을 판매한다.

우가 내릴 때에도 영상을 촬영할 수 있다는 장점이 있다. 이 SAR 위성으로 지상을 촬영한 SAR 영상은 지표면의 미세한 변화까지 탐지할 수 있어 산사태, 지진, 홍수, 지반 침하 등을 조기에 발견할 수 있다.

레이더 기술을 더욱 발전시킨 SAR 위성 기술은 국방 분야에 먼저 활용되었다. 민간 SAR 위성은 핀란드의 아이스아이가 최초로 발사했다. 아이스아이는 2014년에 핀란드에서 설립되었고, 2018년 1월 아이스아이 X1이라는 첫 번째 SAR 위성을 발사했다. 최대 해상도는 1미터이며, 2024년 말 기준 30기의 SAR 위성을 운용하고 있다. 미국의 카펠라 스페이스도 비슷한 시기에 SAR 위성 사업을 시작했다. 2016년 캘리포니아에 설립된 카펠라 스페이스는 2020년 8월 첫 번째 SAR 위성을 발사했다. 최대 50센티미터급 초고해상도를 촬영할 수 있으며, 현재 여섯 기의 SAR 위성을 운용하여 서비스하고 있다.

광학카메라나 SAR 안테나 대신 다양한 센서를 이용해 서비스하는 민간 상용 기업들이 있다. 2010년에 설립된 새틀로직Satellogic은 다중분광영상을 서비스하고 있다[5]. 2013년 4월 첫 위성을 발사했고, 2024년 말 기준 38기의 고해상도 광학 위성인 뉴샛 시리즈를 운용하고 있으며, 200기 이상의 위성을 운용하겠다는 목표를 가지고 있다.

2011년 캐나다에서 설립된 GHG샛GHGsat은 지구 기온 상승의 주범으로 지목되는 온실가스를 모니터링하는 위성을 운용하면서 서비스하고 있다. 2016년 6월 첫 위성을 발사했고, 2024년 기준 25미터 해상도를 갖춘 아홉 기의 위성을 운용하고 있다.

플래닛iQ^{PlanetiQ}는 더 정확하고 상세한 날씨 예측을 서비스하고자 2012년 미국에서 설립되었다. GPS, 갈릴레오, 글로나스, 베이더우 같은 글로벌 항법신호의 굴절을 측정해서 얻은 대기의 온도, 압력, 습도 데이터를 고객에게 제공한다. 2020년 8월 첫 위성인 그노메스 1을 고도 620킬로미터에 발사했고, 2025년 4월 기준 그노메스 시리즈 위성 다섯 기를 운용하고 있으며 최종적으로 20기의 저궤도위성을 쏘아 올려 서비스를 제공할 계획이다.

자체적으로 위성을 발사하거나 운용하지 않고 위성영상만 분석해 서비스하는 기업도 있다. 오비탈 인사이트, 텔어스 랩, 얼사 스페이스는 위성영상 공급업체로부터 영상을 공급받아 고객의 맞춤형 니즈에 맞춰 서비스한다. 세 기업은 2013년 이후 미국에서 설립되었다. 이들은 금융회사, 정유회사, 식품회사 등으로부터 경제 동향, 원자재 수급 현황, 농작물 작황 상태 등에 관한 데이터 제공 요청을 받으면 위성영상을 분석하여 제공한다. 다만 얼사 스페이스는 전문적으로 SAR 영상만 분석해 서비스한다.

위성영상 서비스 시장을 개척하라

영상 분석 서비스만 제공하는 기업을 제외하면, 민간 위성영상 기업들은 자신이 운영하는 위성을 직접 제작 및 발사하고 영상 분석 서비스도 제공한다. 자기들만의 강점을 보여줄 수 있는 위성 탑재체까지 제작할 수 있는 역량을 갖추고 있다.

광학 영상과 SAR 영상은 지상국에서 위성영상정보를 수신한 후 구름처럼 영상을 흐릿하게 하는 요소를 제거하는 전처리 작업과 영상을 실제 지형의 좌표와 일치시키는 검보정 작업을 거쳐 데이터의 정확성과 품질을 확보한다. 영상 품질을 높이고 영상 분석과 해석을 하기 적합한 형태로 변환하기 위해서는 해당 위성과 센서에 관한 많은 정보가 필요하다. 영상 분석을 하는 과정에서도 이러한 정보가 필요하므로 위성영상을 제공하는 어떤 기업들은 위성 제작, 위성 운용, 위성영상 분석의 모든 과정을 직접 수행하기도 한다.

위성영상을 무료로 얻을 수 있는 사이트와 플랫폼이 많다. 국가기관이나 국제 협력 프로그램에서 운영하는 위성의 영상정보 데이터베이스 가운데 민감한 지역을 제외한 다음 그 영상을 연구 및 교육 목적으로 제공한다. 대표적으로 미국 NASA가 운영하는 랜샛 시리즈 위성영상, 유럽 ESA에서 운영하는 센티널 시리즈 위성영상이 있다. 또 구글 어스Google Earth, 래디언트 어스Radiant Earth, 오픈에어리얼맵OpenAerialMap 등이 여러 곳의 위성과 항공 영상을 모아 제공하고 있다. 국내에서도 한국항공우주연구원이 국내 위성으로 오랜 기간 촬영한 영상을 국가기관에 무료로 제공한다.

영상은 무수히 많지만 이를 분석하고 활용해 새로운 서비스, 시장을 만드는 것은 도전적인 과제이다. 플래닛 랩스, 아이스아이처럼 광학 위성이나 SAR 위성영상을 제공하는 기업들도 영상 분석이 아닌 촬영한 영상을 제공하는 데 그치고 있다. 고객이 필요한 영상 제공만 원하기도 하고, 아직 영상을 활용해서 추가적인 부가가치를 창출하기 어렵기 때문이기도 하다.

위성영상의 가장 큰 고객과 수요처는 국가기관과 군이다. 상용 고객 시장을 창출하려면 단순한 영상 제공만으로는 한계가 있다. 최근 SAR 영상과 AI 분석으로 위성영상을 활용한 상용 서비스를 확대하려는 노력과 시도가 많아지고 있다. 위성통신으로 위성 TV 시장이 만들어지고, 위성항법으로 자동차 내비게이션 시장이 만들어졌듯이 위성영상도 새로운 상용 위성서비스를 만들어낼 것이다. 그러나 플래닛 랩스, 블랙스카이, 카펠라 스페이스, 아이스아이 등 민간 위성영상 제공업체 대부분은 아직 적자 상태다6. 위성영상 분석 전문기업인 오비탈 인사이트, 텔어스 랩, 얼사 스페이스는 아직도 벤처 자금을 공급받고 있다. 설립된 지 이제 10년 내외에 불과하고 초기에 위성을 개발하고 발사하는 데 많은 비용이 들기 때문이다. 상용 위성영상 활용 서비스 시장을 활성화하고 개척해야 이들 기업의 미래 수익성이 보장될 것이다.

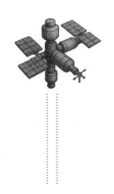

위성영상의 품질을 높이는 법

해상도는 높이고 촬영 주기는 줄여라

위성영상의 품질에서 제일 중요한 요소는 해상도와 촬영 주기다. 위성영상이 필요한 고객은 영상 제공업체에 합리적인 가격은 물론이고 고해상도 영상과 최신 영상을 요구한다.

고해상도 영상을 제공하려면 광학카메라 같은 탑재체가 커지고 위성 전체의 제작 단가가 상승하며, 최신 영상을 제공하려면 위성이 더욱 자주 동일한 지역을 지나가고, 더 많은 위성군을 배치해야 한다. 결국 고해상도의 위성을 군집 상태로 많이 배치할수록 좋지만, 그만큼 투자 비용이 많이 들어간다. 이를 해결하기 위해 플래닛 랩스는 3~5미터 저해상도의 도브 시리즈 위성으로 200여

기의 군집을 만들어서 촬영 주기를 단축했다. 반면 블랙스카이는 위성 수는 19기에 불과하지만, 1미터 이내의 고해상도 위성을 운용한다는 강점을 가졌다.

위성영상 수요자는 저해상도 영상으로 자주 관측하다가 이상 징후가 발생하면 고해상도 영상을 확보해 분석하는 게 최적의 조합이다. 활용 용도에 따라 저해상도 영상이라도 최신 영상을 우선적으로 확보할 경우 매우 유용한 데이터가 될 수 있다.

지상국을 늘려 실시간을 확보하라

위성에서 촬영한 영상은 보통 X 밴드(8~12기가헤르츠) 전파를 통해 지상국으로 전송된다. 저궤도 지구관측위성은 주로 남극과 북극을 지나는 극궤도를 따라 빠른 속도로 이동하고 지구도 자전하기 때문에 지상국이 한 곳일 경우 실시간으로 전송할 수 없다. 또 위성이 특정 지역을 실시간 촬영했더라도 영상을 지상국으로 실시간 전송하지 않으면 가치가 떨어진다. 이 문제를 해결하는 방법은 위성영상 사업자가 자신의 지상국을 운영하면서 동시에 다른 지역에 있는 여러 지상국을 활용해 데이터를 전송한 다음 자신의 서버로 이동시키는 것이다.

이런 위성영상 사업자의 니즈를 충족시키기 위해 지상국만 전문적으로 설치해 운영하는 사업자가 있다. 노르웨이의 케이샛Ksat이 대표적인 지상국 전문 사업자로 전 세계 26개 지역에서 280개의 안테나를 운영하고 있다. 아마존의 AWS도 지상국 서비스를 하고 있다. 이들은 위성으로부터 데이터를 전송받아 위성을 대상으로 관제 신호, 즉 TT&C^{Telemetry Tracking and Command} 서비스도 제공하고 있다. 한국에서는 컨텍CONTEC이 국내외에 지상국을 설치해 위성영상 수신 서비스를 제공하고 있다7.

6장

더 정확한
위치를 알아낸다,
위성항법

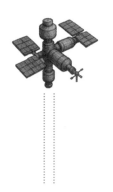

군사용으로 시작된 GPS

전 세계적으로 사용하고 있는 글로벌 위성항법시스템Global Navigation Satellite System(이하 GNSS)은 미국의 GPS다. 원래는 1970년 대에 군사용 목적으로 개발했다. 위성항법을 사용하면 무기를 더욱 정확하게 목표물에 명중시킬 수 있고, 군대의 위치를 정확하게 파악해 이동시키기 쉽다.

1978년 첫 GPS 위성을 발사했고 이후 추가 위성을 계속 쏘아올렸다. 1980년 초반까지 여덟 기로 운용하다가 1993년에는 지금과 같이 총 24기의 위성으로 대폭 확장 운용되었다. 예비 위성 여섯 기까지 포함하면 총 30기 위성으로 구성된다. 미국은 1980년대 후반부터 GPS를 민간에게 개방하기 시작했고, 항공기와 자동차에 적용되면서부터 해당 민간 산업이 크게 성장했다.

미국이 군사용으로 개발한 GPS를 민간에 개방하게 된 결정적 계기는 1983년 소련 전투기의 대한항공 여객기 격추 사건이다. 1983년 9월 1일, 대한항공 007편이 뉴욕에서 서울로 향하던 도중 항로를 이탈하면서 소련 전투기에 의해 격추되어 승객 269명 전원이 사망한 비극적인 사건이다. 이 사건 이후 도널드 레이건 대통령은 GPS를 민간에 개방하기로 결정했다. 민간 항공기나 선박이 미국의 GPS로 정확한 위치 정보를 수신하고 안전하게 항행할 수 있도록 한 조치였다. 1996년에는 빌 클린턴 대통령이 GPS 신호의 정밀도를 향상시키기 위해 선택적 가용성, 즉 잡음 등을 포함시켜 신호 정확도를 떨어뜨리고 위치오차를 크게 조정해서 다른 나라들이 군사적 목적으로 사용하지 못하게 하는 조치를 해제했다. 이로써 민간의 GPS 사용은 더욱 확산되었다.

인류는 해, 달, 별, 행성 등 천체의 위치를 관측해 자신의 위치를 추정하는 방법을 사용했다. 항해할 때는 나침반, 육분위, 항해용 시계, 항해용 달력 등을 사용했다. 현대에 들어와 GPS를 개발하기 전까지는 육상에서 송신한 전파를 수신해 거리를 측정하여 자신의 위치를 파악하는 방법을 주로 사용했다. 단거리에는 VHF 주파수를 활용한 VOR, DME를, 대양과 같은 장거리에는 저주파수를 활용한 LORAN, OMEGA를 사용했다.

전파 대신 가속도계와 자이로스코프를 이용하는 관성항법 방식으로 이동경로와 위치를 파악하기도 한다. 관성항법 방식은 항공기, 잠수함, 우주선 등에서 활용하고 있지만, 오차가 크다는 치명적 단점이 있다.

강대국만 가질 수 있는 위성항법시스템

　미국이 GPS를 개발하자 글로벌 패권을 다투는 러시아, 중국, 유럽도 GNSS를 경쟁적으로 개발하기 시작했다.

　러시아의 글로나스Glonass는 1973년에 개발하기 시작해 1982년 첫 위성을 발사했으며, 1990년도 초에 24기의 위성시스템을 갖추었다. 중국의 베이더우BeiDou는 2000년 첫 위성을 발사했고 2020년 글로벌 서비스를 시작했다. 중궤도위성 24기, 경사정지궤도위성 세 기, 정지궤도위성 세 기를 합쳐 총 30기의 위성을 운용하고 있다. 유럽의 갈릴레오Galileo는 1999년부터 개발하기 시작해 2011년 첫 위성을 발사했다. 2020년대 초부터 전 세계 커버리지를 갖추어 서비스하고 있다.

GNSS를 구축하고 운용하는 데는 엄청난 투자비와 운용비가 든다. GPS는 지금까지 수십억 달러가 투자되었고, 매년 유지 비용만 약 10억 달러가 든다. 글로나스도 수십억 달러가 소요된 것으로 추정되며, 2011년에는 현대화 비용에 약 50억 달러를 투자한다고 발표했다. 특히 갈릴레오는 전체 프로젝트 비용이 100억 유로(약 110억 달러)에 달하는 굉장히 비싼 시스템이다. 베이더우도 정확한 비용이 공개되지 않았지만, 수십억 달러가 소요된 것으로 추정하고 있다.

글로벌 커버리지를 갖고 있지 않지만 다른 나라의 항법시스템에 의존하지 않고, 자국 인근 지역에서만 서비스하는 독자적인 시스템을 가진 국가들이 있다. 글로벌 항법시스템에 대비해 지역 항법시스템Regional Navigation Satellite System(이하 RNSS)이라고 불리며, 인도와 일본이 위성 발사를 통해 시스템을 완성했거나 갖출 예정이다. 한국은 2021년 한국형 위성항법시스템KPS, Korean Positioning System을 구축한다는 계획을 확정했다.

인도의 NavICNavigation with Indian Constellation은 정지궤도위성 세 기와 경사궤도위성 네 기로 구성되었다. 첫 위성은 2013년 7월에 발사했으며, 2018년까지 일곱 기를 모두 발사하여 운용하고 있다. 총 투자 비용은 약 14억 인도루피(약 2억 달러)로 알려져 있다. 일본의 QZSSQuasi-Zenith Satellite System는 총 일곱 기의 위성을 발사할 계획이었으나 현재는 네 기만 운영되고 있다. 2010년 첫 위성을 발

	명칭	국가	운용 수/ 계획 수	계획 완료 연도
글로벌 위성항법 시스템 (GNSS)	GPS	미국	30기/24기	1995년
	글로나스	러시아	24기/24기	1995년
	갈릴레오	유럽연합	28기/30기	2016년
	베이더우	중국	30기/30기	2020년
지역 위성항법 시스템 (RNSS)	NavIC	인도	7기/7기	2018년
	QZSS	일본	4기/7기	2026년(예정)
	KPS	한국	0/7기	2035년(예정)

2024년 12월 기준 전 세계 위성항법시스템

사했으며, 2017년 세 기를 추가 발사했다. 2024년 한 기, 2025년 두 기를 추가 발사해 2026년부터 일곱 기 체제를 완성할 계획이었다. 예비 위성 네 기를 추가해 2030년 후반에는 11기로 늘어날 계획이다. 2024년까지 약 1,200억 엔(약 11억 달러) 이상 투입된 것으로 알려졌다. 한국의 KPS는 정지궤도위성 세 기, 경사궤도위성 다섯 기로 구성된다. 첫 위성은 2027년에 발사할 예정이며, 2035년까지 모든 위성을 발사하고 서비스를 시작한다. 센티미터급까지 위치 정확도를 확보하는 것이 목표다. 총 투자 예산은 3조 7,235억 원(약 28억 6,000만 달러)이다.

알고 보면 단순한 위성항법 원리

지구상에서 한 지점의 위치(위도, 경도, 고도)를 결정하는 방식은 삼변측량 기법이다. 1차원, 예를 들어 30센티미터 막대자를 생각해보자. 이 자의 특정 지점의 위치는 양 끝단에서의 거리를 알면 구할 수 있다. 다시 말해 두 개의 기준점으로부터 각각의 거리를 알면 1차원에서의 위치를 파악할 수 있다. 2차원 면에서는 세 개의 기준점에서 각각의 거리를 알면 위치를 파악할 수 있고, 3차원 공간에서는 네 개의 기준점에서 각각의 거리를 알면 위치를 구할 수 있다.

위성으로 자신의 위치를 정확하게 알고 싶다면 위도, 경도, 고도를 측정하는 3차원 위치이므로 네 개의 위성으로부터 각각의 거리를 구하면 된다. 휴대전화에 장착된 GPS 수신기는 네 개 이상의 위성으로부터 신호를 받아 사용자의 3차원 위치를 계산해 알려준다.

우리가 흔히 말하는 위도와 경도는 지도를 보면 쉽게 확인할 수 있는 위치 정보다. 그런데 고도(높이)는 우리가 서 있는 땅이나 바다 기준이 아니라 '지구를 닮은, 럭비공과 같은 가상의 둥근 타원체'를 기준으로 재는 높이다. 지구는 자전으로 인해 적도 부근이 약간 두껍기는 하지만 완벽한 공도, 완벽한 타원도 아니고, 지표면도 울퉁불퉁하다. 그래서 위치를 정확히 표시하려면 지구를 가상의 모형으로 만든 다음 이를 기준으로 위도, 경도, 고도를 정한다. 현재 GPS는 WGS84라는 지구 모형을 기준으로 위도, 경도, 고도를 계산한다.

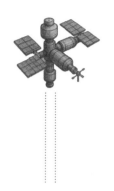

위치 정밀도를 높이는 위성항법 보정시스템

GPS 군사용 신호는 훨씬 정밀한 위치 정확도를 자랑하지만 일반인에게 공개되지 않는다. 일반인에게도 공개된 GPS 신호를 활용해 좀 더 정확한 위치를 측정하려고 노력한 방식이 위성 기반 보정 시스템Satellite Based Augmentation System(이하 SBAS)과 지상 기반 보정 시스템Ground Based Augmentation System(이하 GBAS)이다. 일반 GPS 신호를 한 단계 정밀하게 보정한 정보를 이용자에게 보내는 방식이다1.

정확한 위치 보정신호를 보내는 수단으로 위성을 사용하면 SBAS고, 지상의 이동통신망이나 방송망을 사용하면 GBAS다. 일반에 공개된 GPS 신호는 수평 15미터, 수직 33미터 내외의 오차가 발생하므로 자율주행자동차나 항공기가 이착륙할 때 적용하기 어렵다. SBAS는 GPS 신호를 정밀하게 보정한 다음 정지궤도위성을 통해 서비스함으로써 GPS의 오차를 1미터 내외로 줄일 수 있다. 국제민간항공기구International Civil Aviation Organization(이하 ICAO)는 항공기의 안전한 운항을 위해 SBAS 시스템을 표준화하고, 이를 각 국에서 적용할 것을 권고하고 있다. 한국도 ICAO 권고를 받아들여 KASSKorea Agumentation Satellite System라고 이름 붙인 SBAS를 도입했다. 2022년에 주 위성을 말레이시아의 미아샛 위성에 탑재해 발사했고, 보조 위성은 2024년 11월 국내 케이티샛의 K-6A 위성에 탑재해 발사했다. 이로써 미국, 유럽, 인도, 일본에 이어 다섯 번째로 SBAS를 갖춘 나라가 되었다.

GBAS는 이미 상용화된 위성항법 보정시스템이다. SBAS와 목적이 같으며, 오차범위가 큰 GPS 신호를 보정한 신호를 일반에 전파한다. GPS 보정신호를 생성하는 방법도 SBAS와 거의 유사하다. 다만 SBAS는 별도의 위성을 이용해 보정신호를 전파하지만, GBAS는 이동통신 사업자의 기지국을 통해 전파한다는 점이 다르다.

GBAS는 아직 SBAS 신호를 서비스하지 않는 공항 주변에서 항공기의 이착륙을 지원하는 데 이용된다. 지면에서 운행하는 자동차, 농업 트랙터, 건설 장비, 드론 등의 정밀 자율주행에도 사용할 수 있다. SBAS는 항공기나 UAMUrban Air Mobility과 같이 지상의 높은 고도에서 운행하는 이동 수단의 정밀한 운항을 위해 활용한다.

GBAS는 실시간 이동측위Real Time Kinematic(이하 RTK)라고도 하며, 이 같은 정밀측위 솔루션을 개발하고 서비스하는 다수의 스타트업이 있다. 미국의 스위프트 내비게이션Swift Navigation, 포인트 원 내비게이션Point One Navigation, 하니웰 에어로스페이스, 캐나다의 노바텔NovAtel, 스위스의 유블록스U-blox 등이 대표적인 RTK 기업이다.

이들의 서비스와 솔루션을 활용하여 이동통신 사업자가 자신들의 이동통신 네트워크를 통해 상용 서비스를 제공하고 있다. 한국은 세 개의 이동통신 사업자와 한 개의 방송 사업자가 RTK 서비스를 상용으로 제공하고 있다. 주요 고객은 자율주행이 필요한 자동차, 선박, 드론, 건설 장비, 농기계 관련 기업이다.

고도의 계산이 필요한 위성항법

앞서 위성항법 기술은 초기에 군사적 목적으로 개발되었다고 했다. 목표물을 정확하게 타격하려면 아주 정밀하게 위치를 좌표화할 수 있어야 한다. 위성항법은 앞서 설명했듯이 네 개의 위성으로부터 거리를 측정해서 위도, 경도, 고도를 포함한 3차원 좌표를 구한다는 상당히 단순한 원리를 가지고 있지만, 실제로 3차원 좌표를 만들려면 많은 변수를 고려해야 한다.

네 위성으로부터의 거리는 전파를 발사한 후 그 반사파가 돌아오는 데 걸리는 시간을 계산해서 측정한다. 그런데 시간을 측정할 때와 전파가 우주공간을 지나갈 때 오차가 생기는 요인이 많아서 왜곡이 발생한다. 항법위성은 우주공간에서 빠른 속도로 이동하므로 도플러 효과로 인해 수신하는 전파의 주파수가 변한다. 도플러 효과란 관측자에게 파동의 진동수와 파동의 원천에서 나온 수치가 다르게 관측되는 현상이다. 관측된 파동의 진동수는 파동을 일으키는 물체와 관측자가 가까워질수록 높아지고, 멀어질수록 낮아진다. 더욱이 전파가 지나가는 우주공간은 전리층, 대기층 등으로 되어 있어 전파의 굴절과 지연이 발생한다. 아주 정확한 원자시계로 지상과 우주의 시간을 일치시킨다고 해도 아인슈타인의 상대성원리에 따라 빠르게 움직이는 위성 내 시간은 지상의 시간보다 느리다.

이 밖에 많은 오차 요인을 빠짐없이 고려해서 위치를 계산해 주어야 정확하고 정밀한 좌표를 얻을 수 있다. 매우 복잡하고 어려운 작업이다.

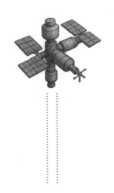

위성항법 신호를 공격하는 재밍과 스푸핑

위성항법시스템은 일상에서 광범위하게 사용되고 있다. 휴대전화에 GPS 수신기가 장착된 덕분에 위치 기반의 많은 서비스를 제공받고 있다. 자동차 내비게이션은 GPS에 기반하고 있으며, 향후 더욱 정밀한 위치 신호를 받게 될 것이다. 노트북, 태블릿 PC 등 전자 장비는 GPS 신호가 보내는 시간 정보를 사용하고 있다.

이렇게 중요한 GPS 신호가 끊기거나 교란되면 큰 혼란이 발생한다. 분쟁 지역에서는 상대방의 무기 체계를 방해하기 위해 상대방 지역에 대한 GPS 신호 교란을 시도한다. 재밍Jamming은 GPS 신호와 동일한 주파수를 가진 잡음 전파를 발생시켜 신호 수신을 방해하는 행위다. 스푸핑Spoofing은 가짜 GPS 신호를 보내 잘못된 위치를 설정하게 만드는 행위다[2]. 전 세계 GPS 신호 방해 현황은 Flightradar24 사이트의 GPS 재밍 맵에서 실시간 데이터를 확인할 수 있다.

민간 공항에서 GPS 신호를 방해하는 행위는 굉장히 위험한 결과를 초래한다. 항공기의 안전 운항을 위한 위치 추적, 공항 내에서의 이착륙과 이동, 항공기의 항로 최적화와 연료 효율화 작업 등이 모두 GPS 신호를 이용하기 때문이다. 일례로 2010년 초 미국 뉴욕 부근의 뉴왁공항 인근에서 항공기가 이용하는 GPS 신호에 간헐적인 간섭이 발생했다. 조사 결과 인근 고속도로에서 트럭을 운행하는 운전자가 불법 GPS 재밍 장치를 사용한 것으로 밝혀졌다. 이 장치는 시중에서 33달러에 구매했다고 한다[3].

창과 방패는 항상 공존한다. 재밍과 스푸핑 공격을 방어하는 방법도 있다. 불순한 의도를 가진 상대로부터 재밍 공격을 받게 되면 잡음을 발생시키는 특정 주파수를 필터로 걸러낸다. 항법 신호는 우주공간의 위성에서 오지만, 재밍 신호는 보통 지상에서 일으키기 때문에 항법 수신안테나의 지향성을 위성에 맞추기도 한다. 한 개의 항법신호가 아닌 다수의 항법신호를 사용할 수도 있다.

스푸핑은 재밍보다 더 정교한 신호 기만 행위다. 항법위성으로부터 받는 신호에 강력한 암호를 걸어 보안을 강화하거나 신호의 시간 및 위치 정보를 정확히 검증하여 스푸핑 여부를 판단한다. 스푸핑 신호는 위성의 원자시계에서 보내는 시간 정보와 위성, 단말의 위치를 실시간으로 정확히 계산하기 어려워서 부자연스러운 시간 및 위치 정보를 보내기 때문이다.

사물의 위치를 추적하는
위성 IoT와 위성 AIS

    사물의 위치 정보와 상태 정보는 세계 어디에 있든지 위성을 활용해 추적할 수 있다. 위성항법 신호로 얻은 사물의 위치 정보에 사물의 상태 정보를 포함하여 다시 위성으로 전송하면 해당 사물을 실시간 모니터링할 수 있다.

    위성 사물인터넷(이하 IoT) 서비스는 값비싼 자산의 위치를 추적하거나 화물차와 선박을 대상으로 운송을 관리하거나 원격 감시 등에 이용한다. 물품, 박스, 컨테이너, 운송수단에 위성 IoT 단말을 부착하면 해당 물품의 위치와 상태(온도, 습도, 진동 등) 정보를 위성으로 센터에 전달한다. 위성 IoT 서비스 대부분은 위성의 L 밴드를 사용한다. 자체 위성을 운용하는 대표적인 위성 IoT 서비스 사업자에는 오브콤Orbcomm, 인말샛, 이리듐, 글로벌스타, 투라야Thuraya, 하이버Hiber, 키네스Kineis, 아스트로캐스트Astrocast 등이 있다.

선박자동식별장치Automatic Identification System(이하 AIS)는 AIS 단말을 부착한 선박의 고유번호MMSI, 위치 및 항로, 속도, 방향 같은 상태 정보를 지상망이나 위성을 통해 사용자와 감독 당국에 전달한다. 위성 AIS 서비스는 위성 IoT 서비스와 내용 면에서 비슷하지만 근본적인 차이가 있다.

첫째 선박의 안전 운항을 목적으로 선박에만 적용하며, 국제해사기구와 각국 정부가 강제하는 의무 규정이다. 둘째 선박에 부착된 단말과 위성은 VHF(156.025~162.025메가헤르츠) 대역을 사용한다. 위성 IoT 서비스가 사용하는 L 밴드와 다르다. 따라서 AIS 서비스를 제공하는 위성은 VHF 신호도 수신할 수 있다. 셋째 선박의 단말이 VHF 대역을 사용하므로 선박이 연근해를 항해할 때는 해안가에 설치된 무선국을 통해 선박 정보를 수신하고 감시할 수 있다.

자체 위성을 운용하고 위성 AIS 서비스를 제공하는 사업자로는 오브콤, 스파이어 글로벌Spire Global, 이그젝트어스exactEarth 등이 있다.

모든 산업에서 활용하는
위성항법 서비스

글로벌 위성항법 서비스의 주체는 국가와 정부다. 민간은 정부가 구축한 위성항법 네트워크가 대가 없이 전달하는 항법 데이터를 사용해 부가서비스를 창출한다. 민간이 만들어내는 위성항법 시장은 크게 GPS 단말 제조 시장과 부가서비스 시장으로 구분할 수 있다.

사용자 단말 시장은 GPS 수신 칩, 안테나, 신호증폭기 등이 있다. 부가가치 서비스 시장은 GPS 신호를 정밀 보정하는 RTK 서비스, 위치 기반 서비스, 자동차, 항공기, 선박 같은 각종 이동 수단에 활용하는 경로 안내와 자율주행 등이 있다.

EUSPA 통계에 따르면**4** 전 세계 글로벌 위성항법 단말 시장은

농업

GNSS는 농기계의 효율적인 안내와 스마트 농업을 가능하게 한다. 또 자동화와 다양한 농업 작업의 모니터링을 지원하여 생산량이 증가하고 환경 영향을 줄이는 데 기여한다.

임업

GNSS는 산림을 효과적으로 관리하여 장기적 지속가능성을 유지하는 데 중요한 역할을 한다. 특히 나무 건강을 모니터링하고 목재 공급망을 추적할 수 있다.

항공과 드론

GNSS의 표준화와 인증은 항공 운항을 더욱 안전하게 만들고, 고비용의 지상 항행 시스템 없이도 소규모 지역 공항 접근을 가능하게 한다. 항공산업에서 필수적인 역할을 하며, 드론 교통을 조정하고 추적하는 유일한 현실적 수단이다. 최신 U-space 규제는 GNSS 기반 서비스를 필수적으로 활용한다.

인프라

GNSS는 인프라 운영의 효율성을 높이는 데 기여한다. 건설 작업을 보다 안전하고 정시에 끝낼 수 있도록 하며, 유지 보수 작업을 지원한다. 또 모바일 통신망 및 데이터 센터와 클라우드 서비스의 보안 환경 조성에도 활용된다.

기후, 환경 및 생물다양성

GNSS의 기후 서비스 적용은 제한적이지만 중요한 역할을 한다. 지구의 자기장, 대기 등 특성을 측정하는 측지 애플리케이션을 지원하며, 생물다양성 부문에서는 GNSS 비콘을 활용하여 동물의 이동 경로, 서식지, 행동을 모니터링한다.

보험 및 금융

금융 시스템은 정확한 금융 거래 기록을 위해 GNSS의 타이밍 기능과 동기화 기능을 활용한다.

소비자 솔루션, 관광 및 건강

GNSS는 일상에서 널리 사용한다. 스마트폰 및 웨어러블 기기에 있는 다양한 애플리케이션으로 개인 건강을 모니터링하거나 피트니스, 내비게이션, 비접촉식 배송 등에 활용한다.

해양 및 내륙 수로

GNSS는 내비게이션 정보를 제공하는 핵심 도구로 디지털화와 자율 선박 전환을 지원한다. 스마트 항만 시스템과 결합되어 안전한 항해, 지속가능한 해양 경제 실현에 기여한다.

출처: EUSPA EO and GNSS Market Report, 2024/Issue2

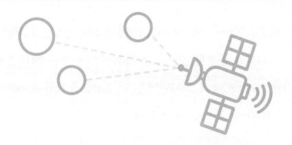

긴급 대응 및 인도적 지원

GNSS는 검색 및 구조 작업에 필수적이며, 조난신호를 보내는 선박, 항공기, 차량 등의 위치를 정확히 파악한다. 홍수, 산사태, 지진 및 기타 재난 상황에서 긴급 대응의 효율성을 높인다.

철도

GNSS는 철도 시스템에서 안전성과 효율성을 높이는 중요한 역할을 한다. 자산 관리분만 아니라 유지 보수, 열차 운행 최적화, 향상된 명령 및 제어시스템을 지원한다.

에너지 및 원자재

전력망과 송전 시스템은 GNSS의 타이밍 기능과 동기화 기능에 크게 의존한다. 이를 통해 수요와 공급의 균형을 맞춘다. 광산 및 원자재 산업에서는 GNSS를 활용하여 자동화 시스템을 지원하며, 위험한 지역에서의 작업 안전성을 보장한다.

도로 및 자동차

GNSS는 도로 안전 및 효율성을 높이는 중요한 요소다. 실시간 교통 모니터링, 혼잡 감축, 응급 서비스 활성화, 커넥티드 및 자율 차량 지원 등을 통해 효과적인 차량 관리와 스마트 교통 시스템 구축에 기여한다.

수산업 및 양식업

GNSS는 기존의 내비게이션 기능을 넘어서선 식별 시스템AIS 및 선박 모니터링 시스템VMS을 통해 불법 조업을 감지하고, 안전한 어업을 지원한다.

도시개발 및 문화유산

GNSS는 위치 기반 데이터를 수집해 도시 개발 및 인프라 배치를 최적화한다. 또 문화유산 보호에도 활용되어 정확한 문서화, 복원 작업을 지원한다.

14개 주요 산업 분야에서 위성항법 활용 사례

2023년 700억 유로(약 98조 원)에서 2033년에는 1,200억 유로(약 168조 원)까지 증가할 것이다. 부가서비스 시장은 2023년 1,900억 유로(약 266조 원)에서 2033년에는 약 2.4배 증가한 4,600억 유로(약 644조 원)가 될 것으로 보고 있다.

저궤도위성을 활용한
민간 위성항법 서비스

현재 글로벌 위성항법시스템은 고도 2만 킬로미터에서 운행하는 중궤도위성을 사용하고 있다. 서비스 제공 주체인 국가와 정부가 네트워크를 운영하고, 민간기업은 개방된 PNTPositioning Navigation and Timing 정보(위치, 항법, 시간)를 활용해 부가서비스를 제공하고 있다.

이제는 기술이 발전함에 따라 PNT 서비스를 제공할 때 고도 500~2,000킬로미터에서 운행하는 저궤도위성을 사용하려는 움직임이 가시화되고 있다. 저궤도위성을 사용하면 여러 장점이 있다. 먼저 중궤도위성보다 낮은 고도에 위치하기 때문에 수신하는 전파 신호의 세기가 강해서 도시나 건물 내부에서 신호를 수신하기 쉽다. 지연 시간도 줄어들어서 자율주행차량에 적용하기 좋다. 더 많은 수의 위성을 발사할 수 있기 때문에 정밀도와 정확도를 높일 수 있고, 위성이 고장 날 경우 쉽게 대체할 수 있으므로 위성 네트워크의 복원력이 향상된다. 심지어 위성의 크기도 줄일 수 있으니 제작과 발사 비용을 절감할 수 있다.

민간 부문에서는 스타트업인 미국의 조나 스페이스 시스템, 트러스트포인트TrustPoint가 기존의 GNSS를 대체할 수 있는 저궤도 PNT 서비스를 개발하고 있다. 이들은 미국 국방부와 협력하고 있으며, 이미 시험 위성을 발사했다. 스페이스X의 스타링크도 차세대 위성을 통해 PNT 서비스를 제공하고자 필요한 L 밴드 주파수대역을 확보하기 위해 노력하고 있다. 스페인의 GMV는 ESA로부터 저궤도 PNT 개발과 관련된 약 8,500만 달러 규모의 계약을 2024년 3월에 체결했다. 소형 위성 다섯 기로 군집화해서 저궤도 PNT 기술을 개발하고, 서비스를 시연하는 것이 목적이다.

7장

매년 늘고 있는
국제 개발 및 구호 활동

난민이 겪는 세 가지 문제

2차 세계대전 이후 전쟁으로 피폐해진 유럽에 대한 경제원조가 필요해지면서 미국은 마셜플랜을 실행했다. 당시 미국이 약 130억 달러(현재 가치 약 1,300억 달러)를 들여 유럽 16개국을 지원한 덕분에 유럽 경제는 빠르게 회복할 수 있었다. 동시에 미국은 러시아와의 냉전체제가 지속되자 외교적으로 동맹국을 확보하는 차원에서 저개발국에도 경제원조를 실시했다. 이에 따라 공공 분야에서 민간기관의 역할이 커지고, 인도주의 활동을 목표로 설립된 비정부기구(이하 NGO) 단체가 늘어났다. 이들은 지금까지 독자적으로 혹은 정부기관과 함께 분쟁 지역, 자연재해 피해를 입은 지역, 저개발국 등에서 다양한 인도주의적 활동을 해오고 있다. 지역 내

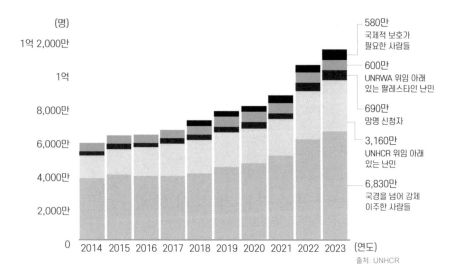

출처: UNHCR

매년 박해, 분쟁, 폭력, 인권 침해 혹은
공공질서가 심각하게 손상된 상황에서 발생하는 난민

분쟁뿐 아니라 지진, 태풍, 홍수 같은 자연재해로 발생하는 난민 수는 매년 증가하고 있다.

    정부기관이나 NGO의 인도주의적 활동은 아주 다양하지만 크게 세 가지 활동에 집중된다. 먼저 가난을 해결하기 위한 활동이다. 전쟁이나 자연재해 등으로 삶의 터전을 떠나야 하는 피난민 혹은 이재민, 저개발국의 빈곤 지역 주민들에게는 가난으로부터 탈출하는 게 가장 시급한 일이다. 무엇보다 전쟁이나 재해가 닥치면 당장 먹을 것과 입을 것, 잘 곳이 없다. 더욱 큰 문제는 삶과 생업의 터전이 파괴되었거나 그곳으로부터 떠나왔기 때문에 앞으로 일상생활을 유지하는 게 어렵다는 것이다. 특히 농업으로 생계를 유지한 주민들은 스스로 경제생활을 하는 게 거의 불가능하다.

가난한 피난민과 이재민, 빈곤 지역 주민들에게 따라오는 위험에는 질병도 있다. 장티푸스, 콜레라 같은 수인성감염병과 결핵, 말라리아, 에이즈 같은 치사율 높은 질병이 이들을 괴롭힌다. 전쟁 때문이든 자연재해 때문이든 피해를 입은 지역과 상하수도 시설이 없는 빈곤 지역에서는 깨끗한 물을 구하기 어렵다. 주민들은 오염된 물을 아무 처리 없이 식수와 생활용수로 사용하는데, 이로 인해 수인성감염병이 흔하게 발생한다. 또 많은 이재민이 극도로 밀집해 모여서 생활하므로 전염력 강한 질병이 한 번 발생하면 급속도로 퍼지기 쉽다.

전쟁 피해 지역, 자연재해 발생 지역, 빈곤 지역은 치안 부재로 인한 안전 문제가 매우 심각하다. 공권력이 아예 없거나 미흡한 지역에서는 언제나 범죄 집단이 힘을 발휘하기 쉽다. 이런 지역에서는 이재민들에 대한 범죄 행위뿐 아니라 구호단체를 상대로 한 강도와 강탈 행위도 자주 일어난다.

가난, 질병, 치안 부재라는 3대 과제를 해결하기 위해 노력하는 활동이 바로 국제 개발 및 구호 활동이다.

우주산업이 도움을 줄 수 있다면

정부나 NGO는 3대 과제를 해결하기 위해 도움이 필요한 현지에 다양한 원조와 지원 사업을 한다. 경제적으로는 식량, 식수, 의복, 텐트 등을 해당 지역 혹은 난민촌으로 긴급 공수하여 이들이 생존하고 피해를 회복할 때까지 지원한다. 또 다양한 의약품을 해당 지역의 환자들에게 전달하고, 여러 의료 구호단체가 직접 그 지역에 들어가 이동병원 같은 의료 시설을 갖추고 환자를 돌보기도 한다.

분쟁 지역과 재해 지역에서 구호품을 전달하고 의료 활동을 하는 것은 굉장히 위험한 일이다. 다수의 군중이 한꺼번에 몰려들거나 구호품을 노리는 세력들이 물품을 강탈할 가능성이 크기 때

문이다. 현장 질서를 유지하기 위해 UN군 같은 다국적군이 파견되는데도 불구하고 현장 주변의 치안 상태는 항상 나쁘다.

분쟁 지역, 재해 현장, 빈곤 지역을 대상으로 하는 원조와 구호 활동은 현장 상황을 정확하게 파악하는 것이 우선이며 무엇보다 중요하다. 피해 규모가 어느 정도인지, 피난민이나 이재민이 어디로 이동하고 있는지, 현장에 접근할 수 있는 도로가 파괴되지 않았는지 등을 지속적으로 실시간 파악하고 있어야 한다. 기존에는 선발대 형태의 팀을 들여보내 현장 정보를 수집하고 파악했으나 정확성이나 데이터의 규모에 한계가 있다. 현장에 접근할 때 물리적으로 위험한 것은 물론이고 구호 팀의 안전에 위협이 되는 일도 자주 생긴다.

이런 경우에 위성통신, 위성관측, 위성항법 기술과 서비스를 활용하면 현장 상황을 비교적 정확하고 광범위하게 수집할 수 있다. 피해 복구, 구호와 지원 활동을 수행할 때에도 효과적이며, 실시간으로 상황을 점검하면서 안전하게 성과를 낼 수 있다.

국제 개발 및 구호 활동은 지구 어느 곳에서나 위성 활용 서비스의 강점을 가장 잘 활용할 수 있는 분야다. 8장, 9장, 10장에서는 위성통신, 위성관측, 위성항법 서비스가 어떻게 피해 현장을 파악하고 복구하는 데 기여할 수 있는지 자세히 알아본다. 이와 함께 현재 활용되고 있는 사례와 미래 가능성도 살펴본다.

경제개발과
원격진료에 활용되는
위성통신

가난해도 위성통신과 인터넷은 필요하다

위성통신은 지상의 통신 네트워크를 건설하기 어려운 두메산골, 산악 지역, 사막 지역은 물론이고 홍수, 태풍, 지진 같은 자연재해가 자주 발생하는 지역에 적합하다. 전쟁, 분쟁 등으로 지상기반 통신 시설이 파괴된 지역에서도 위성통신은 필수다. 상용 위성 통신사업자에게 이들 지역은 정부, 군, 민간의 요청에 따른 수요가 많다. 그럼에도 위성통신의 서비스 가격은 비싸고 지역 주민들의 소득은 낮은 편이라 실제로 위성통신을 쓰기가 쉽지 않다.

국제 개발 프로젝트나 선진국 NGO의 구호 활동은 매우 중요한 수요가 될 수 있다. 정부와 NGO는 위성통신 서비스로 해당 지역에서 실질적으로 필요한 것들을 효과적으로 충족할 수 있다. 인텔샛, 유텔샛, SES 같은 정지궤도 위성통신 서비스와 스타링크, 원웹, 카이퍼, 라이트스피드 같은 저궤도 위성통신 서비스가 꾸준히 공급되면 충분한 통신용량이 만들어지고 가격도 내려갈 것이다. 국제 개발 및 구호 활동 분야에서 이를 추진하는 정부, NGO와 상용 위성통신 사업자 사이에 긴밀한 협력이 필요한 때다.

절대 빈곤으로부터 벗어나 인간다운 삶을 살 수 있는 경제적 환경은 지리적으로 고립되고 사회적으로 소외된 지역의 주민들이 가장 바라는 사항이다. 경제활동에 다양한 필수 요소가 있지만, 정보에 대한 접근과 소통, 교육과 금융은 기본적이고도 아주 중요한 요소다. 위성통신은 고립되고 소외된 주민들에게 인터넷 서비스를 제공함으로써 이 요소들을 충족시키고 경제활동을 촉진할 수 있다.

세계적 자선기관인 게이츠 재단에서는 수많은 자선 프로그램을 진행한다. 이 가운데 DPI Digital Public Infrastructure 프로그램과 IFS Inclusive Financial System 프로그램은 저소득가정의 구성원들이 필요한 정보에 접근하고 이웃과 소통하며, 금융을 이용할 수 있도록 돕고 있다. 여기에서 위성통신은 중요한 물리적 통신 네트워크 역할을 한다.

글로벌 위성통신 사업자들도 기업의 사회 공헌 차원에서 다양한 프로그램을 진행한다. 유럽의 유텔샛은 아프리카 지역의 저소득국가를 대상으로 원격교육, 원격진료를 하기 위해 위성통신을 제공한다. 룩셈부르크의 SES는 재난이 발생한 지역에 긴급 통신을 지원하는 프로그램을 운영하고 있다. 또 미국의 바이어샛은 미국 시골 지역과 남미 지역을 대상으로 위성인터넷을 제공하여 마을의 교육, 보건, 경제에 기여한다.

질병을 치료하고 예방하는
원격교육과 원격진료

위성통신은 질병을 효과적으로 예방하고 적기에 치료하는 데 중요한 역할을 한다. 특히 질병 예방을 위한 교육이 중요한데, 대면 교육과 원격 화상으로 이루어지는 통신 교육은 꽤 효율적인 교육 수단일 뿐 아니라 환자를 치료할 때에도 귀중한 도움이 된다.

의료진이 구호 활동을 하기 위해 현지에 방문할 때는 교통수단과 활동 시간의 한계 등으로 최소한의 장비만 가져간다. 그래서 의료진의 본국에 있는 장비나 의료 데이터를 활용할 수 있다면 현지 진료 시 훌륭한 보탬이 된다. 위성통신을 이용한 광대역 고속 데이터가 제공될 경우 본국의 의료기관과 실시간 협업을 할 수 있다. 증상이 가벼운 환자라면 본국에 있는 의료진이 온라인 화상통

186

화로 문진을 하고, 현지에서는 의약품을 처방함으로써 해야 할 진료를 다할 수 있다. 원격진료의 핵심은 위성통신을 복잡한 전문적 지식이 없어도 쉽게 활용할 수 있는지, 통신이 끊기지 않고 안정적인지, 고속 인터넷 통신이 가능한지 등이다. 이런 사항들이 해결된다면 현지 의료 활동에 긍정적인 변화를 가져올 수 있다.

인말샛은 영국 정부와 함께 2017년 나이지리아의 산모와 여성을 대상으로 84개 지역에서 보건 교육 프로그램을 진행했다. 위성통신을 활용해 의료서비스에 대한 접근성을 높이고, 시골 지역에 있는 산모와 영아의 건강을 증진시키는 것이 목적이었다. 이때 나이지리아의 보건기관 종사자들은 원격교육을 받은 다음 CliniPAK이라는 애플리케이션으로 의료 데이터를 관리할 수 있도록 했다. 덕분에 환자의 질병을 모니터링하고 데이터를 수집해 지역사회에 있는 산모와 영아의 건강 상태를 쉽게 파악할 수 있었다.

이처럼 원격진료는 원격지에서 현지 진료 활동에 아주 효과적인 솔루션을 제공한다. 선진국에서 개발된 여러 원격진료 기술을 활용하면 의료서비스가 필요한 지역에서 의료 활동을 하기가 훨씬 쉬워진다. 화상진료 시스템을 갖추면 화상회의 솔루션을 가지고 환자와 원격으로 문진 등을 하며 진료할 수 있고, 원격 모니터링이나 원격 진단 장비 등이 있으면 환자의 상태를 더욱 세세하게 전문적으로 파악할 수 있다. 환자의 건강 상태를 컴퓨터 서버에 체계적으로 기록해두게 되므로 장기적인 건강 관리까지 할 수 있다. 본국 의료기관에 있는 첨단 진단 장비나 의료 AI 기술을 원격으로 활용할 수도 있다.

룩셈부르크 정부에서 지원하는 디지털 의료 플랫폼인 샛메드 SATMED는 클라우드 시스템을 이용해 의료 기술이 미치지 않는 곳에 이헬스 E-Health를 제공하고 있다[1]. 샛메드는 2014년부터 룩셈부르크 정부와 위성통신 사업자 SES가 협력해서 만든 이헬스 플랫폼이다. 위성통신과 클라우드 시스템 기반이라서 전 세계 어느 곳에서나 의료 정보와 솔루션에 접속할 수 있다. 화상회의 시스템을 통해 원격으로 의사가 환자를 진료할 수 있고, 의사는 다른 지역의 의료진과 함께 환자의 병을 진단하고 치료할 수 있다. 환자에 관한 데이터를 이미지까지 저장해 관리할 수 있다. 또 의료진이 최신 의료 정보에 접근하고 교육을 받을 수 있도록 지원한다. 시에라리온에서 발생한 에볼라 대응 과정, 네팔에서 발생한 지진 대응 과정에서 샛메드가 활용되었다.

재난에 대응하는 위성통신

태풍이나 산불 같은 자연재해, 지역분쟁 같은 전쟁 상황에서 해당 지역 주민과 긴급구호를 하는 활동가에게는 안전이 최우선이다. 재난 지역에 거주하는 주민의 안전은 다른 지역에 거주하는 친척이나 지인들의 주요 관심사다. 무엇보다 분쟁 지역에 있는 구호 활동가의 안전을 보장하는 게 중요하다. CCTV 등으로 이들이 안전한지를 항상 모니터링하고, 활동가에게는 위치추적장치가 달린 위성통신 기기를 장착하면 만일의 위험에 대비할 수 있다.

재난 지역의 상황을 실시간으로 파악하고 지원이 필요한 사항과 규모를 파악하는 데도 위성통신이 꼭 필요하다. 해당 지역의 통신 인프라는 재난으로 파괴되어 사용할 수 없기 때문이다. 위성통신으로 통신 인프라를 만들어주면 신속하게 통신을 복구할 수 있다.

필리핀은 잦은 태풍과 화산 폭발로 이재민이 자주 발생하는 국가다. 이때 필리핀 정부에서는 위성통신을 활용하여 파괴된 통신망을 복구하고, 서로 떨어져 있는 이재민과 그 가족이 소통할 수 있도록 도와준다. 2021년 12월 필리핀을 강타한 태풍 라이는 약 1,000만 명의 주민에게 피해를 주었다. 이 기간에 필리핀 정부는 인말샛의 위성통신으로 효과적인 초기 대응을 할 수 있었다. 정부기관은 피해 지역과 규모를 신속히 파악하고 피해 지역 주민은 가족들과 연락을 취했다. 필리핀에서도 특히 분화 활동이 아주 활발한 마욘산은 주민들에게 자주 피해를 준다. 이 지역의 주정부는 이동식 위성통신 장비를 항상 갖추고, 화산 분화로 피해가 일어날 경우 신속하게 통신망을 복구해 지역 주민의 안전과 원활한 소통을 확보하고 있다[2].

2017년 9월에 발생한 태풍 마리아는 푸에르토리코에 엄청 큰 피해를 입혔고 많은 통신망이 파괴되었다. 당시 이리듐이 위성통신 장비를 제공한 덕분에 응급 구조대와 구호기관이 효과적인 지원 활동을 할 수 있었다. 휴스 네트워크와 SES도 위성통신으로 현지의 통신망 복구 작업을 지원했다[3].

룩셈부르크 정부는 재난 상황이 발생했을 때 위성통신으로 해당 지역에서 통신할 수 있도록 해주는 플랫폼(emergency.lu)을 운영한다. 2012년에 운영하기 시작한 이 플랫폼은 자연재해나 인도적인 위기가 발생할 때 열두 시간 이내에 신속하게 통신을 복구한다는 목표를 가지고 있다. 위성통신은 룩셈부르크의 글로벌 위성 사업자인 SES를 통해 제공한다. 2022년 통가 해저화산 폭발, 2023년 튀르키예 지진이 일어났을 때 이 플랫폼이 활용되었고, 지금까지 29개국에서 지원 활동을 펼쳤다.

9장

자연재해와 국제분쟁 구호 활동에 활용되는 위성관측

식량 위기에 대비하고 피해를 복구하라

저개발국의 주요 산업은 농업, 수산업 같은 1차 산업이다. 농작물을 파종해 기르고 수확하는 일은 날씨, 기온 등 자연환경에 크게 영향받는다. 태풍, 홍수나 병충해가 심한 경우 1차 산업에 종사하는 농어민과 가족은 경제적 타격이 심하다. 갈수록 악화되는 기후변화는 자연재해가 일어날 가능성을 높여서 이들의 삶을 더욱 취약하게 만들고 있다. 이때 위성영상을 분석하면 적절한 수확기, 자연재해를 예측하여 미리 대비할 수 있으므로 1차 산업의 생산성도 크게 높아질 것이다.

미국의 원조기관인 USAID가 1985년부터 운영해온 기근조기경보시스템 FEWSFamine Early Warning Systems는 전 세계의 기근 발생 취약 지역에 관한 보고서와 조기경보를 제공해왔다1. 이 시스템은 지역분쟁 가능성, 곡물 시장 가격, 위성영상으로 수집한 강수, 기온, 식생 정보를 기반으로 기근이 일어날 가능성을 예측한다. EU도 농업 자원에 대한 모니터링MARS, Monitoring Agricultural ResourceS이라는 프로그램을 운영하면서 비슷한 정보를 제공하고 있다.

자연재해로 이재민이 발생하거나 국제적 분쟁으로 피난민이 발생하면 국제사회는 긴급구호 활동을 실행한다. 첫 단계는 피해 장소가 어디인지, 피해 규모가 어느 정도인지를 정확히 파악하는 것이다. 현장에 관한 구체적 정보를 확보해야 필요한 물품과 의약품의 수량을 알 수 있다. 그러나 재난 지역의 정보를 정확하게 얻는 것은 쉽지 않다. 통신망이 파괴되어 현지에 연락할 수 없거나, 도로가 파괴되었거나 차단돼 현지에 접근할 수 없기 때문이다. 이렇게 현지 정보가 차단된 재난 상황에서 해당 지역을 촬영한 위성영상은 효과적인 긴급구호 계획을 수립할 수 있도록 해준다. 긴급구호로 이루어지는 효과적인 초기 피해 복구는 질병 발생, 보건 위기 같은 추가 피해를 최소화할 수 있다.

위성영상을 공유하는
국제재난재해 대응프로그램

　　국제재난재해 대응프로그램International Charter Space and Major Disasters은 재난 상황이 발생했을 때 해당 지역의 위성영상을 공유하여 신속하게 피해에 대응할 목적으로 2000년에 설립되었다. ESA, 인도우주연구기구, 한국항공우주연구원 등 국가 우주 기구와 17개의 우주 연구기관이 회원이며, 플래닛 랩스, 아이스아이 등 민간 위성사업자가 파트너로 참여하고 있다. 동일한 목적으로 2007년에 설립된 유엔 조직인 UN-SPIDER와도 협력하고 있다2.

　　국제재난재해 대응프로그램은 매달 다섯 건 이상, 매년 60건 이상의 자연재해에 관해 회원 및 파트너로부터 위성영상을 받아 필요한 곳에 제공하고 있다. 재해를 당한 해당국 정부나 국제 구호

국제재난재해 대응프로그램

재난에 대응하기 위해 위성 데이터를
활용할 수 있도록 국제적 협력을 추구

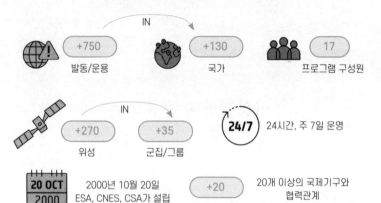

IN

+750	+130	17
발동/운용	국가	프로그램 구성원

IN

+270 위성 +35 군집/그룹

24/7 24시간, 주 7일 운영

20 OCT 2000 2000년 10월 20일
ESA, CNES, CSA가 설립

+20 20개 이상의 국제기구와
협력관계

80개국 이상에서 80개 국가기관 이용자가 본 프로그램에
데이터를 요청할 수 있으며, 접근권을 등록하는 방법은 다음
사이트를 참고
disasterscharter.org/web/guest/how-to-register-as-a-
user

국제재난재해 대응프로그램의 성과와 참여 기관

출처: 국제재난재해 대응프로그램 2024년 홈페이지

단체는 위성영상으로 피해 지역과 피해 규모를 파악할 수 있다. 이를테면 긴급구호 활동을 위해 사용할 수 있는 도로를 탐색하고, 피해 지역에 필요한 자원을 수송한다.

2023년 2월 6일, 튀르키예 카흐라만마라쉬 지역에서 진도 6.7의 강력한 지진이 일어나 인근 지역이 광범위한 피해를 입었다. 지진 발생 당일 튀르키예 관련 당국으로부터 요청을 받아 국제재난재해 대응프로그램이 발동되었다. 대응프로그램은 다량의 위성영상과 분석 데이터를 통해 관련 당국이 긴급 대응을 하고 피해를 복구하는 데 많은 도움을 주었다.

먼저 위성영상으로 건물이 붕괴된 장소와 피해 지역을 정확하게 파악할 수 있었다. 파악한 지역을 중심으로 구조대가 가장 필요한 곳에 우선 접근할 수 있도록 정보를 제공했고, 구조 작업의 효율성을 높였다. 또한 피해 지역에 긴급 물품을 전달할 수 있는 도로에 접근 가능한지 파악한 뒤 주민들에게 신속하게 지원 물자를 전달했다. 더불어 튀르키예 연구기관과 정부 당국에는 위성영상으로 피해 규모를 분석해 향후 효과적인 피해 복구 계획을 수립할 수 있도록 지원했다[3].

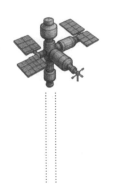

질병을 막고 인신매매를 추적하다

뎅기열, 지카바이러스 같은 전염병의 확산을 모니터하고 방제할 때도 위성영상과 지리정보시스템GIS, Geographic Information System을 활용한다. 날씨 데이터 등과 결합하면 한층 효과적인 결과를 얻을 수 있다.

　지카바이러스는 1947년 아프리카 우간다 지카 숲의 원숭이에게서 처음 발견된 바이러스다. 주로 이집트숲모기에 의해 감염되고 감염자는 심한 독감 증상이 나타난다. 임신부가 지카바이러스에 감염되면 태아에 영향을 주어 태아가 소두증을 앓게 된다는 연구 결과가 발표되면서 전 세계적으로 공포가 확산되었다. 이에 아열대기후 지역인 동남아시아 국가들과 브라질 등에서는 대대적인

모기 소탕 작전을 진행했다. 하지만 모기 발생 지역이 워낙 다양하고 광범위해서 이를 특정하는 데 어려움을 겪었다. 위성영상과 GIS 기술은 물웅덩이처럼 모기 유충이 있을 만한 지역은 물론 묘지, 매립지, 건설 현장 같은 지역도 쉽게 찾도록 해준다[4].

인신매매와 강제노동은 인권을 짓밟는 아주 중대한 범죄행위다. 게다가 이런 범죄는 은밀하게 진행되기 때문에 추적하기 쉽지 않고 잘 드러나지도 않는다. 위성영상은 이런 범죄행위를 추적해 효율적인 법 집행을 할 수 있도록 지원할 수 있다. 미국 스탠퍼드 대학교의 인신매매 데이터랩에서는 위성영상과 AI를 이용해 브라질 아마존의 열대우림에서 불법 벌채에 동원되는 강제노동을 탐지하는 시스템을 개발했다[5].

IJM International Justice Mission은 아동노동, 성 착취, 인신매매 같은 현대판 노예 문제를 해결하고자 1997년에 조직된 국제 NGO다. IJM은 막사의 위성영상으로 미얀마에서 인신매매가 의심되는 지역을 모니터링했으며, 아프리카에서는 수십 명의 아동을 구출하는 데 성공했다[6].

10장

긴급 구조 활동에
활용되는 위성항법

효율적인 토지 활용과 정확한 인프라 건설

　개발도상국에서 농업은 중요한 기간산업이다. 토지의 효율적 활용이 중요한 농업은 토지 구획의 정확성과 소유권의 투명성이 법적으로 보장되어야 한다. 위성항법시스템으로 토지를 관리하게 되면 과학적이고 투명한 위치정보 기술을 사용하므로 합리적이다. 따라서 토지 소유권 문제로 인해 갈등을 크게 줄일 수 있다. 특히 점점 잦아지는 홍수, 태풍으로 인한 농업 경작지가 훼손된 이후에도 토지 경계를 원래대로 정확하게 회복할 수 있다.

　아프리카 케냐에서는 마사이족과 카렌족 사이에 목초지 경계를 두고 끊임없는 분쟁이 일어났다. 2002년 NGO와 지리정보 전문가들이 휴대용 GPS 기기를 활용해 경계를 객관적으로 측량하고 시각화했으며, 케냐 정부와 협의하여 GPS 기반의 경계를 공식 지적도에 반영함으로써 분쟁을 해결했다. 아시아 네팔에서는 2015년에 발생한 대지진으로 많은 지역의 농지 경계가 사라지고 농지 구조가 변했다. 네팔 정부와 국제기구는 GPS, 위성영상으로 지형을 복원하고 피해 지역의 경계를 다시 설정했다. 소유 농지의 경계나 경작지 위치가 복원되면서 농민들은 지진 피해 재건 지원금을 공정하게 받을 수 있었다.

효율적인 인프라 건설을 하기 위해서도 위성항법 데이터를 활용한다. 도로, 건물, 관개시설 등을 건설할 때 GPS 데이터를 이용하면 시간과 비용을 크게 줄일 수 있다.

인프라를 건설할 때는 실제 토지를 정확하게 측량하고 측량한 그 위치에 시공하는 것이 중요하다. 기존에는 사람이 직접 측량하다 보니 위치 오류가 나면 공사를 다시 해야 해서 시간과 비용의 손실이 발생하곤 했다. 불도저나 굴착기 같은 중장비를 운용할 때도 설계도만 참고할 경우 잘못된 곳을 파거나 깊이를 잘못 파는 경우가 있었다. GPS 데이터를 활용하면 이 같은 오류를 방지할 수 있다. 2008년 미국 인디애나주의 I-69 고속도로 건설을 할 때 불도저와 굴착기에 GPS 장비를 부착하여 인력을 50퍼센트 줄이고, 공사 기간을 3개월이나 단축했다.

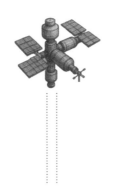

위성항법과 드론이 만나면

위성항법 기술을 드론에 적용하면 접근이 어렵고 교통이 불편한 지역의 주민에게 혈액과 필수 의약품을 제때 공급할 수 있다.

미국 기업 집라인Zipline은 2016년부터 르완다, 가나, 나이지리아 등 아프리카 여러 국가에서 소형 드론으로 혈액, 백신을 운반했다. GPS 신호를 활용해 자율주행을 하는 소형 드론과 단순한 형태의 낙하산을 띄워서 물품을 투하하는 방식으로 긴급 물품의 배송 시간을 혁신적으로 단축했다. 이 방식은 의약품, 혈액, 백신 등을 필요한 지역에 빠르게 전달함으로써 산모 사망률을 줄이고, 지역 의료 체계를 효율적으로 발전시켰다.

이후 집라인은 약품, 혈액, 백신 같은 긴급 소형 물품을 드론으로 배송하는 회사로 변신했다. 미국에서도 월마트 등과 협력해 처방약이나 의료용품을 배송하는 서비스를 하고 있다.

위성항법과 드론으로 문제를 해결하는 사례는 다양하다. 국민 대다수가 농업에 종사하는 개발도상국에서는 농업 생산성 향상이 아주 중요한 과제다. 벼도열병, 벼멸구 같은 병충해 발생을 빠르게 알아내 예방해야 다른 지역으로 확산되는 것을 막을 수 있다. 이때 드론에 장착한 카메라와 센서로 농작물 잎의 색깔 변화를 탐지해 병충해 발생 여부를 판단한다. GPS 정보로는 병충해 발생 지역 관련 지도를 작성하고, 드론으로 해당 지역에 정밀하게 농약을 살포할 수 있다. 벼, 커피, 파인애플처럼 하나의 작물을 농장 단위로 재배하는 경우 드론을 통한 병충해 방지는 확산을 막는 매우 긴요한 수단이다.

태풍이나 지진과 같은 자연재해가 발생하면 해당 지역의 교통, 통신, 전력 같은 인프라 시설이 타격을 입게 되고, 이로 인해 실종자 수색과 구조, 피해 복구를 오래 지연시킨다. 특히 개발도상국에서 자연재해로 피해를 입은 인프라를 복구하는 데 많은 시간이 걸린다. GPS 정보를 수신하는 드론은 자연재해로 피해를 입은 지역과 규모를 파악하거나 실종자를 수색하고 위치를 확인하는 구조 활동에도 적극 활용된다.

긴급 상황에 대응하는
국제조난구조 프로그램

해양, 두메산골, 산악 지형에서 긴급 상황이 발생하면 구조 요청을 하고, 이 신호를 위성으로 파악하여 위치를 확인해 구조 활동을 할 수 있다. 국제조난구조 프로그램International Cospas-Sarsat Programme은 1982년에 설립되어 2021년까지 약 5만 명을 구조했다[1].

다수의 정지궤도위성, 중궤도위성, 저궤도위성으로 긴급 구조 신호, 즉 비콘 신호Beacon signal를 수신하면 이를 지상국에서 분석해 위치를 파악하고 구조대에 정보를 전달한다[2]. 최근 글로벌 항법위성에서도 비콘 신호를 수신 후 전달해서 수색과 구조를 더 신속하고 쉽게 할 수 있도록 돕고 있다. 또 기존 비콘 신호에 글로벌

각종 비콘 장치와 추적 장치

개인 위치추적장치

항법위성으로부터 확인한 자신의 위치정보를 포함해 발신하면 신속하고 정확한 긴급 구조를 할 수 있다.

국가나 부족 간의 분쟁으로 전투 혹은 전쟁이 일어난 지역에 대규모 피난민이 발생하면 유엔의 구호 기구나 국제 NGO는 식량과 의약품 지원 같은 피난민 구호에 나선다. 구호 활동을 펼칠 때는 피난민의 위치와 규모를 파악한 다음 안전한 지역으로 이동하도록 유도하는 것이 중요하다. 전쟁이 벌어지는 위험 지역에 있는 구호단체 직원들의 안전도 확보해야 한다. 이때 위치를 확인하고 추적할 수 있는 위성항법장치가 굉장히 중요한 역할을 한다. 유엔난민기구UNHCR는 현장에서 난민을 지원하는 직원과 차량들에 GPS 장치를 부착해 정확한 위치를 추적하고, 납치 등의 위험에 대비한다.

우주산업은 고도로 기술 집약적이며 자본 집약적인 산업이다. 산업에 종사하는 인력들의 교육 수준도 매우 높아서 석사와 박사급 인력이 상대적으로 많다. 그만큼 숙련된 인력 양성에 많은 시간이 소요된다는 것을 뜻한다.

자본 투자의 규모도 크다. 초기에 민간 영역에서 발사체를 자체 개발하려고 노력했으나 스페이스X 이전에는 수없이 실패했다. 실패 요인 가운데 하나가 부족한 자본력이었다. 1~2억 달러로는 충분하지 않았다. 개발 과정에서 겪는 여러 시행착오와 실패를 딛고 성공에 이르려면 거대 자본이 필요한데, 이 정도 자본은 국가나 글로벌 슈퍼 리치만이 감당할 수 있다. 현재 저궤도 위성통신 사업을 추진하는 사업자들을 보자. 유럽의 원웹, 캐나다의 텔레샛과 같이 국가 및 정부가 지분에 참여하고 지원하고 있거나, 일론 머스크의 스타링크, 제프 베이조스의 카이퍼와 같이 기업 지분을 가진 세계 최고의 부자가 사업을 이끌고 있다.

어렵고 실패 위험이 큰 일에는 기대 이상의 보상이 따라야 한다. 보상과 인센티브가 있어야 위험을 감수할 명분이 되고 사람들이 모인다. 민간 우주비행을 독려하기 위해 미국에서 1996년에 제정된 안사리 X 프라이즈Ansari X Prize라는 상이 있다. 미래학자이자 혁신가인 피터 디아만디스가 설립한 X 프라이즈 재단에서 수여하는 상이며, 상금은 1,000만 달러다1. 민간자금으로 개발된 유인우주선이 고도 100킬로미터, 우주의 경계까지 2주 이내에 두 번의 비행에 성공하면 받을 수 있다. 2004년 10월 미국의 스케일드 콤포짓Scaled Composites의 스페이스십원이 두 번의 유인 비행을 성공시켜 안사리 X 프라이즈의 수상자가 되었다. 이 상은 민간의 우주기술 개발과 상업적 우주여행의 가능성을 보여주는 데 크게 기여했다.

특정 산업이 지속적으로 발전하려면 우수한 인력이 계속해서 유입되어야 하며, 우주산업도 마찬가지다. 도전적이고 성취 지향적인 젊은 인력을 끌어들이기 위해서는 높은 경제적 보상을 통해 우주산업이 매력적인 산업이라는 점을 어필해야 한다. 하지만 금전적 보상만으로는 부족하다.

이공계STEM, Science, Technology, Engineering and Mathematics 인력은 특정 산업뿐 아니라 국가 발전에 아주 중요하다. 미국은 1960년대와 1970년대에 러시아와 우주 경쟁을 하면서 우주개발 전문 기관인 NASA를 만들고 달에 사람을 보내는 아폴로 계획을 진행했다. 당시 미국의 많은 학생이 우주에 동경심을 갖게 되면서 결과적으로 이공계 인력이 대폭 증가했다는 분석이 있다. 지금 민간 우주 산업을 이끌고 있는 일론 머스크나 제프 베이조스는 어린 시절 품 었던 우주에 대한 강렬한 경험과 꿈에 관해 자주 이야기한다. 이 제는 반짝이는 별을 쉽게 보지 못하는 도심 속 어린이들이 직접 두 눈으로 은하수를 볼 수 있게 해준다면, 로켓 발사 장면을 직접 참관하면서 엄청난 굉음과 피부에 부딪치는 열기를 경험한다면 그 들에게 작게나마 우주에 대한 비전을 심어줄 수 있지 않을까?

민간이 주도하는 뉴 스페이스 시대가 시작되었다고 하지만, 올 드 스페이스를 이끌어온 국가와 정부의 역할은 앞으로도 중요하 다. 국내에서 경쟁력 있는 소형 발사체를 개발하고 있는 어떤 사 업가는 국내의 여러 부품 및 기기업체들이 없었다면 발사체 제작 이 불가능했다고 말한다. 오랜 시간 동안 국가 주도의 우주 프로 젝트를 진행하면서 발사체, 위성 부품, 장비 등을 취급하는 민간기 업 인프라가 만들어지고, 산업의 에코시스템(자연 생태계처럼 관련 기 업이 협력해 공생하는 시스템)이 갖추어졌기 때문이다. 미국과 유럽의 민간 우주 스타트업들이 자신만의 아이디어와 기술력을 가지고 쉽 게 완제품을 만들 수 있는 것도 해당 국가에 우주산업 인프라와 에코시스템이 형성되어 있기 때문이다. 정부가 우주에 대한 장기 적 계획과 비전을 제시하고 안정적인 시장을 조성해주면, 민간 우 주기업은 우수한 인력을 투입하고 자본을 과감하게 투자할 것이 다. 동시에 국내 우주산업 에코시스템은 더욱 단단해질 것이다. 그

기반 위에서 혁신적인 우주 스타트업이 탄생한다.

우주는 누구에게나 매력적이고 황홀해 보이지만 우주산업은 일반인의 일상과 별 관계가 없는 것처럼 여겨진다. 다소 직업적이고 전문적인 분야인 우주산업의 전망과 비즈니스 기회를 기술하는 데 어려움이 많았다. 과학 서적이나 기술 서적이 아니라 일반인도 쉽게 이해할 수 있는 간결한 내용을 담고 싶었다. 그 과정에서 너무 요약하고 축약하다 보니 기술에 관한 설명에 오류나 실수가 있을 수 있다.

우주산업이 지구촌의 소외된 이웃을 도울 수 있다는 생각에 국제 개발 및 구호 활동 적용 사례를 찾아 설명했다. 국제 개발 및 구호 활동은 매우 전문적인 분야인데, 문헌 자료와 회의를 통해 들은 내용만으로 전문 분야를 잘못 소개할 수도 있다는 걱정이 앞선다. 모두 저자의 부족함이다. 잘못된 부분이 있으면 지적해주기 바란다.

해외에서 외국 기업인들을 만날 때마다 대한민국의 위상이 크게 높아졌다는 사실이 매우 기쁘고 자랑스럽다. 이들은 대한민국이 10대 무역대국에 포함될 정도로 빠른 경제적 성장을 이룬 것을 놀랍게 여긴다. 한국경제인협회가 2023년 5월에 발표한 '선진 G7 국가와 비교한 한국의 위상'을 보면 군사력, 경제력, 혁신 능력, 경제 안보, 영향력 차원에서 G7과 대등한 위치를 점하고 있다. 문화적인 파워도 강해졌다. 전 세계가 BTS의 노래를 듣고 넷플릭스로

〈오징어 게임〉을 시청하고 있다. 야구, 축구, 골프 분야에서 세계적인 스포츠 스타들도 많이 탄생했다.

하드 파워도 놀랍다. 한국의 군사력은 전 세계 6위이다. 2022년 6월에는 우주 발사체 누리호를 성공적으로 쏘아 올렸다. 1.5톤 탑재체를 독자적으로 발사할 수 있는 능력을 갖춘, 세계에서 일곱 번째 국가가 되었다. 로켓, 위성 제조뿐 아니라 위성 활용 서비스 분야의 많은 국내 스타트업이 글로벌 우주 시장에 진출할 것이다.

세계 여러 나라는 이제 대한민국이 국제사회에 더 많이 기여하기를 바란다. 칭찬과 박수 다음에는 공헌과 기대가 있다. 대한민국의 공적개발원조 규모는 매년 증가하여 2024년에는 전년 대비 24.8퍼센트 증가한 39억 4,000만 달러(약 5조 6,000억 원)를 집행했다. 이는 OECD 개발원조위원회의 31개 회원국 가운데 13위다. 국제 개발 및 긴급구호에 국내의 위성통신, 위성관측, 위성항법 서비스가 광범위하게 이용될 수 있다. 한발 더 나아가 국제기구에서 우주산업의 다양한 정책적, 외교적 이슈에 관해 주도적인 역할을 하는 것도 공헌의 한 방법이 될 것이다.

주석과 참고자료

1장

1 크리스천 데이븐포트 지음, 한정훈 옮김, 《타이탄The Space Barons》, 리더스북, 2019.

2 로켓 재활용(비행 후 수직 착륙)은 블루 오리진이 제작한 뉴 셰퍼드 로켓이 1개월 정도 빨랐다. 뉴 셰퍼드 로켓은 2015년 11월 23일, 대기권 100킬로미터에 도달한 후 지표면에 수직 착륙하는 데 성공했다. 스페이스X의 팰컨 9 로켓은 2015년 12월 21일에 동일한 성과를 달성했다. 그러나 뉴 셰퍼드 로켓은 우주관광 등을 위한 준궤도 로켓이고, 팰컨 9은 우주정거장에 물품을 수송할 수 있는 궤도급 로켓이라는 점에서 차이가 있다.

3 미국의 스페이스X, 유럽의 아리안스페이스, 인도의 ISRO 등 기존 로켓 기업과 신규 로켓 기업의 발사 비용(킬로그램당 비용)은 다음 참고자료에 잘 정리되어 있다.
페터 슈나이더 지음, 한윤진 옮김, 《우주를 향한 골드러시Goldrausch im All》, 쌤앤파커스, 2021, p.24·p.234.

4 화성 프로젝트를 위해 스페이스X는 화성에 사람과 물자를 실어 보낼 수 있는 로켓인 스타십 개발에 전력을 다하고 있다.

5 민간 우주개발 분야에서 스페이스X의 일론 머스크와 치열하게 경쟁하고 있는 블루 오리진의 제프 베이조스는 인류의 화성 이주에 관해 다른 관점을 갖고 있다. 베이조스는 화성에서 살고 싶다고 하는 사람에게 "우선 3년 동안 남극대륙에서 살아본 다음에 결정하시죠?"라고 답했다고 한다. 화성의 굉장히 춥고 열악한 거주 환경을 언급한 것이다. 그는 화성 거주보다는 지구라는 보석을 보존하면서 우주를 활용하는 것이 바람직하다고 생각한다.
크리스천 데이븐포트 지음, 한정훈 옮김, 《타이탄The Space Barons》, 리더스북, 2019, p.450~451.

6 주요 투자 은행은 2040년에 전 세계 우주산업의 규모가 1조 달러를 넘을 것이라고 예측한다. 모건스탠리는 1조 1,000억 달러, 메릴린치와 뱅크오브아메리카는 2조 7,000억 달러로 예상하고 있다. 이는 스페이스X를 비롯한 민간 부문의 우주산업이 크게 성장할 것으로 기대하기 때문이다.

7 블루 오리진과 리처드 브랜슨이 설립한 버진 갤럭틱은 우주 경계선상에서 몇 분 동안 무중력을 체험하고, 푸른 지구를 바라보는 우주관광을 성공적으로 시작했다. 이 여행의 티켓 가격은 20만 달러에서 45만 달러 정도다. 스페이스X는 2021년 9월, 유인우주선 크루 드래건에 민간 승무원을 태우는 궤도비행을 마쳤다. 국제우주정거장에서 임무를 수행하고 지구 귀환을 돕는 여행의 티켓 가격은 5,500만 달러에 이른다.

8 보통 로켓의 연료 수명이 다하면 정지궤도에서 수백 킬로미터 상승해 폐기된 인공위성을 모아두는 폐기궤도로 보낸다. 지구로부터 3만 6,000킬로미터 상공에 있는 정지궤도위성은 연료 수명이 15~17년 정도다.

2장

1 아서 클라크는 1917년 영국에서 태어났다. 런던 킹스칼리지에서 수학과 물리학을 전공했다. 1933년에 설립된 영국 행성간학회에 회원으로 참여했고 과학잡지 등에 SF 소설을 발표했다. 대표적인 작품은 《2001 스페이스 오디세이》 외에 100여 편에 달한다. 미국위성방송통신협회에서는 1987년부터 '아서 클라크 상'을 제정해 위성방송 산업에 크게 기여한 사람에게 시상한다. 유럽의 통신사업자 유텔샛은 2000년 4월에 발사한 통신위성 SESAT을 아서 클라크에게 헌정했다. 1981년에 새롭게 발견된 소행성도 그의 이름을 따서 '4923 Clarke'로 명명했다.

2 2023년 4월에 발사된 첫 바이어샛 3 위성은 안테나가 제대로 펼쳐지지 않아 정상적인 서비스에 실패했다.

3 다중궤도 위성통신 사업자는 저궤도와 정지궤도위성 모두를 서비스하는 사업자를 가리킨다. 다양한 위성통신 니즈를 가진 고객에게 원스톱 서비스를 제공한다는 장점이 있다. 글로벌 커버리지를 갖춘 정지궤도 위성통신 사업자는 자신이 직접 저궤도위성을 구축하거나(유텔샛-원웹, 텔레샛-라이트 스피드), 다른 저궤도 위성통신 사업자와 서비스 제휴를 맺는 방법을 사용한다. 유럽의 정지궤도 사업자 SES는 자체적으로 중궤도위성군을 보유하고 저궤도 위성통신은 제휴를 통해 고객에게 서비스한다.

4 위성통신은 무선 주파수를 사용한다. 상업용 위성통신에 할당된 주파수는 L 밴드(1~2기가헤르츠)와 C 밴드(4~8기가헤르츠)가 음성 및 데이터 용도로 우선적으로 활용되었다. 현재는 대역폭이 더 넓어서 고속 데이터통신에 적합한 Ku 밴드(12~18기가헤르츠)와 Ka 밴드(27~40 기가헤르츠)가 적극 사용되고 있다.

3장

1 초기 O3b는 위성 투자 자금 조달을 주로 부채에 의존했기 때문에 자금 압박이 심했다. 인수 주체인 SES는 인수 직전에 이미 지분율을 높여 49.1퍼센트를 확보했다. 그레그 와일러는 중궤도위성 기업인 O3b뿐 아니라 저궤도위성 기업 원웹도 창업했다. 하지만 두 기업 모두 지분을 매각하고 떠날 수밖에 없었다. 와일러는 〈바이어 새틀라이트Via Satellite〉와의 2022년 3월 29일 자 인터뷰에서 O3b, 원웹을 운영하다가 떠난 경험에 관해 언급했다. 그는 O3b, 원웹의 자본 구조의 중요성을 강조했다. 특히 전략적 투자자들이 기업 전체의 성공보다 자신들의 전략적 이익을 앞세웠기 때문에 어려움을 겪었다고 말했다.

2 저궤도위성군 구축에 따른 비용은 공개된 자료가 없고 외부에서 추정한 자료에 근거한다. 위성체 제작 비용, 위성 발사 비용, 지상 게이트웨이 비용만 초기 구축 비용으로 생각해볼 수 있다. 외부 추정에 따르면 스타링크는 초기 1만 2,000기 위성 구축에 100억 달러, 원웹은 156기 위성 구축에 35억 달러(목표 위성군은 680기 위성), 텔레샛의 라이트스피드는 298기 위성에 50억 달러가 소요될 것으로 알려졌다. 초기 구축 비용 이외에 사용자 단말 비용의 비중도 크다. 사용자 단말은 고가의 전자식 평판안테나다. 스타링크는 서비스 초

기에 사용자 단말에 큰 규모의 보조금을 집행해 서비스 확산을 도모했다. 2020년 베타 서비스를 할 때 단말 가격을 500달러로 책정했다. 당시에 알려진 단말 제작 단가는 1,500달러 정도였으므로 1,000달러를 보조금으로 사용했다. 하지만 2023년 중순 이후 스타링크는 더 이상 보조금을 집행하지 않는다고 밝혔으며, 당시의 단말 가격은 600달러였다.

3 스타링크의 2세대 저궤도위성은 레이저통신을 통한 ISL^{Inter-Satellite Link}을 사용해 게이트웨이 수를 대폭 감소시킨다.

4 스페이스X는 세 차례의 로켓 발사 실패 이후 2008년 네 번째 만에 팰컨 1이 궤도비행에 성공함으로써 첫 번째 상용 로켓 발사 민간기업이 되었다. 2010년에는 팰컨 9이 첫 발사에 성공하고, 2015년에는 팰컨 9의 1단 로켓 재활용에 성공했다. 로켓 재활용은 이후 발사 비용 절감에 크게 기여했다.

5 저궤도위성이나 소형 위성에는 종종 저렴한 상용^{COTS, Commercial Off The Shelf} 부품이 사용된다. 기존의 우주 검증 이력(헤리티지)이 확인된 우주용 부품이 아닌 일반 부품이다. 하지만 COTS 부품도 여러 검증 테스트를 거쳐 사용된다.

6 중국은 국가 차원의 GW 프로젝트와 국영 기업인 SSST가 주도하는 G60 프로젝트를 추진 중이다. G60 프로젝트의 진도가 더 빨라서 2024년에 3회, 2025년 3월에 다섯 번째 발사(매회 18기)를 통해 현재 90기가 궤도에 있다.

7 그레그 와일러는 2022년에 E-스페이스라는 회사를 창업했다. 르완다 정부의 지원으로 30만 기의 위성에 대한 궤도를 신청하고, 10만 기의 저궤도위성군을 계획하고 있다. 위성 IoT 솔루션 및 저궤도의 위성 잔해를 제거하는 기술도 개발하고 있다.

4장

1 우주방사선과 태양풍은 지구의 자기장과 대기층에 의해 대부분 차단되어 지구 지표면에 큰 영향을 주지 않는다

2 지구 주위에는 우주방사선이 지구자기장에 의해 갇혀 있는 밴 앨런 대역이 있다. 두 개의 도넛 모양(내측 및 외측 벨트)의 방사선 대역은 매우 높은 에너지를 가진 우주방사선 입자가 갇혀 있기 때문에 궤도를 운항하는 위성에 더욱 위험한 공간이다. 특히 고도 1,400~2,000 킬로미터는 방사선 강도가 아주 높아서 위성에 치명적이다.

3 위성의 총중량은 위성의 기능과 탑재체 용량에 따라 큰 차이를 보인다. 2017년 3월에 발사한 SES의 SES 10은 총중량 5.3톤, 순중량 2.2톤이다. 2010년 12월에 발사한 한국 케이티샛의 KOREASAT 6은 총중량 2.85톤, 순중량 1.15톤이다.

4 알래스카주에 서비스하는 아스트라니스의 소형 위성은 총중량 350킬로그램, 통신용량 7.5기가바이트 퍼 세컨드다. 두 차례(2023년 4월, 2024년 12월) 발사에도 불구하고 위성의 기술적 결함으로 궤도에 안착하지 못했다. 3차 발사는 2025년 중에 할 계획이다.

5 소형 발사체 기업인 중국의 갤럭틱 에너지, 아이 스페이스가 각각 2020년, 2019년에 상용 발사에 성공했다. 그러나 주 고객이 중국 기업에 한정되며 발사에 관한 상세한 기술 정보

가 공개되지 않는다. 또 서방국가의 고객은 미국 ITAR 규정에 따른 규제로 중국 발사체를 사용할 수 없다. 이러한 측면을 고려할 때 상업용 글로벌 시장(고객)에서 발사 성공한 소형 발사체 기업은 로켓 랩과 파이어플라이 둘뿐이다.

6 미국의 ITAR, EAR은 국가 안보를 위해 미국의 무기 관련 부품과 기술 등이 적성국가 및 테러 단체에 유입되는 것을 막는 규정이다. 위성과 로켓 같은 우주기술은 민군 겸용 기술이라서 이러한 무기 거래 규정을 적용받는다. 모든 국가가 비슷한 규정을 두고 무기 거래를 통제하고 있다. 참고로 ITAR은 무기수출통제법AECA에 근거하며 국무부가 주관하고, EAR은 수출관리법EAA에 근거하며 상무부가 관리하고 있다.

5장

1 EUSPAEuropean Union Agency for Space Program EO and GNSS Market Report 2024, p.10-12 참고.

2 막사의 뿌리는 1969년에 캐나다에서 설립된 MDA이다. 초기 MDA는 우주 관련 엔지니어링 및 지리정보 서비스에 집중했다. 2012년 미국의 위성 제조업체인 SSL을 인수했다. 2017년에는 미국의 위성 이미지 제공업체인 디지털글로브를 인수한 후, '막사'로 리브랜딩하고 본사를 미국으로 이전했다(캐나다에서는 MDA라는 명칭을 그대로 사용하고, 위성 제작, 로봇 제작, GIS, 위성영상 사업을 별도 수행했다). 2020년에는 막사가 보유한 캐나다 MDA 지분을 사모펀드에 매각함으로써 지분 관계가 없는 별도의 회사가 되었다. 이 같은 기업 역사로 인해 미국 막사와 캐나다 MDA의 사업 영역은 상당히 유사하다.

3 에어버스 그룹은 세 개 부문으로 구성되어 있다. 상용 항공기 제작을 담당하는 에어버스 상용 항공기, 헬리콥터를 제작하고 서비스하는 에어버스 헬리콥터, 방산과 우주를 담당하는 에어버스 D&S다. 위성영상의 공급과 분석은 에어버스 D&S의 해당 부서에서 수행한다.

4 한국의 나라 스페이스는 2015년에 설립된 민간 위성영상 서비스 회사다. 2023년 11월에 해상도 1.5미터급 초소형 관측위성인 옵저버 1A 발사에 성공했다. 2030년 전에 100기의 초소형 관측위성을 발사해 군집화하고, 위성영상을 서비스하는 것이 목표다. 한컴인스페이스도 2022년 5월에 5미터급 해상도의 초소형 위성인 세종1호를 성공적으로 발사했다. 50기 이상의 위성을 발사하여 지구 관측 서비스를 제공한다는 목표를 가지고 있다.

5 광학 영상은 물체에 반사된 태양 빛 중에서 RRed, GGreen, BBlue 파장 대역만 감지해 색으로 합성한 것이다. 가시광선 파장 대역(R, G, B) 옆은 근적외선과 적외선 대역인데, 이 대역을 감지해서 분석하면 반사시키는 물질의 정보를 추가 파악할 수 있다. 이런 영상을 다중분광영상이라고 한다.

6 2024년 기준 플래닛 랩스는 2억 4,440만 달러의 매출을 올린 반면, 1억 2,320만 달러의 순손실, 12억 300만 달러의 누적 손실을 기록했다. 주식시장 상장 후 1년 6개월 만인 2023년 8월에 117명(총인력의 10퍼센트), 2024년 6월에는 180명(17퍼센트)의 인력을 지속적으로 감

원했다. 블랙스카이도 2024년 매출 1억 210억 달러, 순손실 5,720만 달러, 누적 손실 6억 5,620만 달러를 기록했다.

7 컨텍은 2015년 한국항공우주연구원에서 분사되어 위성영상 지상국 사업자로 성장하고 있다. 2024년 말 기준 9개 국가에 지상국 12곳을 구축했고, 20곳까지 확장할 계획을 가지고 있다. 이와 함께 세 곳의 광학 레이저 지상국도 계획하고 있다. 컨텍은 2024년 6월 위성통신 단말 제조와 위성체 제조회사인 AP 위성을 인수했다(지분 24.72퍼센트, 634억 원).

6장

1 SBAS와 GBAS 신호는 기본적으로 지상에 여러 기준점(정확한 좌표를 이미 확인한 지점)을 설정하고, 이 기준점에서의 GPS 신호 오차를 파악해 정확한 보정신호를 생성한 후에 위성이나 지상망을 통해 사용자에게 전달한다.

2 분쟁 지역에서는 상대방을 향한 재밍과 스푸핑이 상시로 발생한다. 2024년 11월 26일에는 러시아가 우크라이나를 향해 드론 188대를 날렸다. 그러나 우크라이나의 스푸핑으로 인해 이 가운데 95대가 경로를 벗어났고, 일부는 이웃한 벨라루스로 날아갔다.

3 국내 공항에서도 GPS 전파 교란이 자주 보고된다. 2016년 3월 31일, 북한의 GPS 전파 교란으로 항공기와 선박 운항에 큰 차질이 생겼으나 다행히 피해는 없었다. 영향을 받은 지역은 주로 서울, 경기, 인천, 강원 지역이었다. 2024년 5월과 6월에도 북한의 GPS 교란 행위로 20개국 500여 대의 민간 항공기가 영향을 받았다. 정부는 ICAO에 조치를 촉구했으며, ICAO는 6월 말 이사회에서 북한의 GPS 교란에 대한 우려를 표명하고 재발 방지를 촉구하는 결의문을 채택했다. ICAO는 2012년, 2016년에도 동일한 결의문을 채택했다.

4 EUSPA European Union Agency for Space Program EO and GNSS Market Report 2024, p.21~23 참고

8장

1 이헬스의 E는 전자적인 Electronic이라는 뜻이다. 세계보건기구 WHO는 이헬스를 '정보통신 기술을 건강에 이용하는 것'이라고 정의한다. 즉 이헬스는 의료 및 보건서비스를 제공하는 입장에서 원격의료, 전자의무기록 EMR, 임상의사결정지원 CDS 등 다양한 의료 기술의 활용을 뜻한다.

2 마욘산이 폭발한 후 위성통신으로 피해에 대응했던 내용은 다음 사이트에서 볼 수 있다. https://www.devex.com/news/sponsored/satellite-communications-power-response-to-mayon-volcano-92595

3 위성통신 사업자들의 지원에 관한 상세한 내용은 다음 사이트에서 볼 수 있다. https://www.devex.com/news/opinion-how-satellites-provide-a-lifeline-when-disaster-strikes-91696

9장

1 2025년 3월 28일, 미 국무부는 USAID 폐지를 발표했다. 트럼프 행정부에서 추진 중인 정부 효율화 작업의 일환이다. 전체 프로그램 가운데 83퍼센트에 해당하는 약 5,200개를 종료하고, 나머지 17퍼센트는 국무부로 이관한다. USAID에서 일했던 약 1만 명의 직원 가운데 294명만 남기고 모두 해고되었다. USAID에서 운영하던 FEWS는 2025년 4월 현재 운영을 중단한 상태다. FEWS의 중요한 데이터는 미국 지질조사국USGS의 사이트에서 서비스하고 있다.

2 UN-SPIDER는 2006년 12월에 유엔총회 결의로 만들어진 유엔 조직이다. 유엔 우주사무국UNOOSA이 관리하며, 모든 국가가 위성 및 우주기술을 활용해 재난을 예방하고 대응할 수 있도록 지원하는 역할을 한다. 오스트리아 빈에 본부가, 독일 본과 중국 베이징에 사무소가 있다.

3 국제재난재해 대응프로그램에서 튀르키예 지진 발생 후 제공한 영상과 자료는 다음 사이트에서 확인할 수 있다.

https://disasterscharter.org/web/guest/activations/-/article/earthquake-in-turkey-activation-797-

4 위성영상을 활용한 지카 바이러스 모니터링은 다음 사이트를 참고한다.

https://theglobalobservatory.org/2016/03/tracking-a-virus-satellites-aid-in-fight-against-zika/

5 브라질 아마존에서 벌어진 강제노동을 탐지한 사례는 다음 사이트를 참고한다.

https://hai.stanford.edu/news/detecting-modern-day-slavery-sky

6 "Eyes In The Sky: How Satellite Imagery Helps Tackle Human Trafficking", https://www.outlookindia.com/international/eyes-in-the-sky-how-satellite-imagery-helps-tackle-human-trafficking-news-306708

10장

1 COSPAS는 'Space System for the Search of Vessels in Distress'라는 뜻을 가진 러시아어의 머리글자다. SARSAT은 'Search And Rescue Satellite-Aided Tracking'라는 영어의 머리글자다.

2 비콘 신호는 406메가헤르츠 디지털신호를 송신한다. 이 신호에는 송신기의 고유식별 번호, 조난자의 위치정보(GPS 수신기가 있는 경우), 시간 정보가 포함되어 있다.

맺음말

1 피터 디아만디스는 X프라이즈 재단의 창립자일 뿐 아니라 플래니터리 리소시스Planetary Resources와 제로 그래비티Zero Gravity Coporation의 창립자이며, 미래학 교육기관인 싱귤래리티 대학의 공동 창립자다. 2015년 3월 〈비즈니스 인사이더Business Insider〉와의 인터뷰에서 "미래의 조만 달러 부자는 우주 분야에서 나올 것"이라고 말했다. 부의 원천은 소행성 등의 자원 채굴에서 나온다고 주장했다.

기타 참고자료

이성규, 《호모 스페이쿠스》, 플루토, 2020.

김현옥, 《처음 읽는 인공위성 원격탐사 이야기》, 플루토, 2021.

황정아, 《우주 날씨 이야기》, 플루토, 2019.

황정아, 《우주미션 이야기》, 플루토, 2022.

조동연, 《우주산업의 로켓에 올라타라》, 미래의창, 2021.

오승협, 《누리호 우주로 가는 길을 열다》, RHK, 2023.

에릭 버거 지음, 정현창 옮김, 《리프트오프LIFTOFF》, 초사흘달, 2022.

로버트 제이콥슨 지음, 손용수 옮김, 《우주에 도착한 투자자들Space is Open for Business》, 유노북스, 2022.

켈리 제라디 지음, 이지민 옮김, 《우주시대에 오신 것을 환영합니다Not Necessarily Rocket Science》, 혜윰터, 2022.

로버트 주브린 지음, 김지원 옮김, 《우주산업혁명The Case For Space》, 예문아카이브, 2021.

이광식, 《천문학 콘서트》, 더숲, 2023.

아메데오 발비 지음, 장윤주 옮김, 《당신은 화성으로 떠날 수 없다Su un altro pianeta》, 북인어박스, 2024.

애덤 파이필드 지음, 김희정 옮김, 《휴머니스트 오블리주Mighty Purpose》, 부키, 2017.

윤경일, 《우리는 모두 같은 꿈이 있습니다》, 서교출판사, 2016.

조향, 《UN에서 일해야만 사람들을 도울 수 있나요?》, 설렘, 2021.

유성훈, 《일랄 리까, 바그다드》, 일조각, 2015.

우주 비즈니스 레볼루션

위성통신과 위성관측, 위성항법 산업에서 찾는 미래 우주 시장의 기회

1판 1쇄 인쇄 | 2025년 6월 17일
1판 1쇄 발행 | 2025년 6월 24일

지은이 | 송경민

펴낸이 | 박남주
편집자 | 박지연
디자인 | 남희정
펴낸곳 | 플루토

출판등록 | 2014년 9월 11일 제2014-61호
주소 | 07803 서울특별시 강서구 마곡동 797 에이스타워마곡 1204호
전화 | 070-4234-5134
팩스 | 0303-3441-5134
전자우편 | theplutobooker@gmail.com

ISBN 979-11-88569-82-3 03440